做對翻修，

老屋再住

20 年

從挑對屋型、掌控預算到裝修工程，
老屋變身好屋必學翻修技巧

CONTENTS

CHAPTER **1** ／ DETAIL

這樣做 老屋翻修

CHAPTER **2** ／ CASE

新空間 老屋

CHAPTER **1** | 老屋翻修
這樣做

DETAIL

▶ 圖片提供│日作設計

POINT

1

找屋：避開地雷，找到潛力老屋

根據內政部統計資料顯示，在台灣超過 30 年以上住宅建築共約 384 萬戶，其中 40% 的老舊建築須進行老屋健檢或耐震評估，以便確認是否需要作補強或者拆除重建。然而，房屋健檢目前仍無強制性，屋主多半不會主動去做。

另一方面，即使房市稍見冷卻，但都會區新住宅仍是價高難追，購屋族無奈紛紛轉向購買老屋，再以全新裝潢讓老屋再造新生命。但選購老屋比新屋複雜許多，屋況、結構、甚至社區大小事都會影響住居品質，一不小心誤踩地雷可是後患無窮。因此，購屋族不禁要問：「老屋，應該怎麼挑？」為了幫助讀者更容易理解老屋挑選眉角，以下將依屋型、格局及屋齡、屋損問題分類論述，教你如何避開問題老屋，了解看屋時該注意的細節，而購買老屋時又該先有哪些心理建設，以減少入住後不適應，順利晉身老屋的快樂主人。

老屋建築類型

建築型式的改變有如一部城市進化史，隨著社會、家庭結構轉型，逐漸發展出不同建築類型。早期台灣街頭巷尾最常見的就是透天住宅，但因小家庭興起而逐漸式微，而老式公寓也隨著城市人口密度愈來愈高也愈少見。另外，老式電梯華廈與新建花園大樓公設比相差甚多，居住氛圍也不盡相同，購屋者不僅在看屋時要多比價、了解屋況，也應進一步理解不同屋型可能帶來的生活差異。

透天住宅

　　不少長輩偏愛透天老宅，除看中土地本身具有保值性外，以後要改建也相對容易些；同時，透天宅的居住自主性與隱私性都較好。當然有些想更遠的長輩認為，以後孩子們成家後還能分層居住，好處多多。不過，年輕一代多認為電梯大樓較方便、自由，而且透天厝若沒有保全，在安全把關上僅能靠鐵窗，這也是需要考量的問題。

　　在安全性考量上，不少透天老厝屋齡甚至比屋主年紀還大，若前屋主或是歷任屋主有作過格局變更，或在頂樓、前後院作加蓋設計，這部分除要先確認是否合法外，結構安全也要特別注意。還有透天住宅多半採連棟式設計，除了邊間，中間的房屋多是只有前後有採光的長屋格局，在光線與通風上也要進一步觀察，以免購買後才發現無法好好規劃。

　　透天厝另一個看屋重點在於樓梯動線。通常單一樓面坪數不大，相對樓梯會占去蠻大空間，使得剩下格局變得瑣碎。尤其若原本動線設計不佳，可能阻礙採光或產生畸零格局，導致未來裝修需改建樓梯，可能要花更多錢。

▼ 攝影—喃喃

老式公寓

　　老式公寓大多置身在舊商圈，地段好、生活機能佳，甚至連中、小學區都備齊了，周遭環境相當具有利多性。尤其老公寓房價比起同生活圈的新屋低了不少，對於資金有限的青壯族家

庭自然深具吸引力。但是，不能忽略老公寓沒有電梯，若是看中的標的物位在較高樓層，如四、五樓則要天天爬樓梯，家中若有銀髮族同住，或者中年屋主在未來十幾年都不考慮換屋者，可能要考量老後生活沒有電梯的問題。

其次，老公寓常見有陽台外推、頂樓加蓋等問題，除了自己想買的房子不要有違建，若鄰居有過於誇張的違建也最好盡量避開，以免買到未來有糾紛或者結構已不穩當的建築。最後可前往查看老式公寓的外牆、樓梯間等公共空間，看看外牆是否有明顯剝落、裂縫、水漬等現象，這些區域通常是最能反映出建築確實屋況的地方。

▶ 攝影｜喃喃

電梯大廈

電梯大廈與老公寓的屋況問題頗為類似，除了查看自己要買的房子裡外，也應到公共區確認實際屋況。同時因集合式住宅內有公共設施，雖然與新式大樓比起來相當陽春，但這些公設內容是否合用？出入大門及停車場有無安全疑慮？大廈內部管理是否良好、正常？社區內環境的維護狀況，以及鄰居有無佔用公共空間等問題，都是購買大廈住宅時要事先觀察的，畢竟前人早說過千金買屋、萬金買鄰，若遇上惡鄰也不是輕易說搬家就能搬。

買屋時建議不要只去一次，在白天可去看房子的採光、座向、窗型等屋況，晚上則確認與鄰居的隔音效果、社區是否有怪氣味，如下水孔外溢的臭味、或鄰居廚房排煙對著自家窗戶等生活實況。由於超過20～30年以上老屋管線多會重新佈置，但仍有許多問題是難以用裝潢來改造的。因此，也建議如有認識的建築師、室內設計師或結構技師，不妨在購屋前邀請一起陪同看屋。

▶ 攝影｜喃喃

老屋空間格局類型

　　格局形狀不是老屋空間獨有的問題。只要是成屋市場，無論新古屋或中古屋，多是格局已定的現況，其中新古屋屋主多半不想破壞新穎堪用的隔間，而購置老屋族群相對較願意花錢重新量身訂製新格局，而大多數格局其實都可藉由重新設計做改善，問題反而較小。不過，若是裝修預算有限的屋主，希望買下老屋能沿用原本隔間的話，就必須更嚴格審視現有隔間是否合用。另一方面，也要注意建築物與外在環境的互動性，如棟距、入光角度、窗外環境，畢竟房子自然採光、通風與景觀較無法用設計來扭轉。最後，不同格局也有可能影響結構安全性，也要列入考慮事項。

▶ 圖片提供｜深活生活設計

長方型格局

　　長屋是台灣普遍的現狀老屋，也是新古屋市場中較少見的，此類型格局，通常採光與通風位置會落於長方形的單一短邊，也就是僅有前後採光與開窗的現況，容易在房屋中間形成暗房；如果建物與後方棟距過近的話，就容易造成室內光線和通風不良的狀況。

▶ 圖片提供｜日作設計

正方型格局

以格局類型來看，正方形格局是比較理想的屋型，尤其因為台灣寸土寸金的房屋市場，造成在有限的坪數下，大家都想盡量節省空間、創造更多生活機能，正方形格局相對較不易產生畸零空間，自然可達到較好坪效。此外，正方形格局因有對稱性，結構較為穩健，理論上耐震性較不規則型好些。

▶ 圖片提供｜STUDIO IN2 深活生活設計

複層格局（樓中樓及夾層屋型）

近年地震頻傳，不只老屋本身結構的安全問題浮上檯面，建築內若有樓中樓或是夾層、錯層等複層格局的屋型，其安全性也讓購屋者開始心存疑慮。尤其早年法規較不嚴明，老屋內的夾層面積管理也較為困難，如果再加上屋主入住後又有變更改建過，這樣的房子就更難掌握安全性。因此，專家建議除了盡量挑選結構對稱方正的屋型，且在購買前可以請賣家調出「竣工圖」，多數設計師均認為夾層面積只要不超過原本建築執照規定的範圍都算安全，但一旦超出原先所規定範圍的房子能避則避，以免因夾層過重或受力不均，導致建物結構上出現安全疑慮。

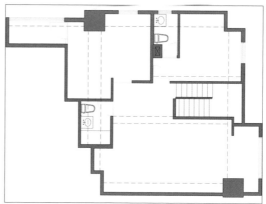

▶ 圖片提供｜曾建豪建築師事務所 /PartiDesign Studio

	樓中樓	夾層
結構	樓地板多採永久性結構方式建造。	多是採用木頭或者輕鋼架、鋼樑等輕質材料組成樓地板。
特色	一般來說樓中樓屋高至少需有六米，多由建商事前規劃、一次施工到位。	夾層屋最常見為屋高3米6或4米2，大多是屋主購屋後，自行進行二次施工。
合法性	建商有在申請建照時一併提出申請，並在所有權狀上登記樓中樓面積。	鮮少有合法夾層，多屬違建夾層。
安全性	由於空間部分挑高，造成樓層樑柱分配不均，因此要特別注意建造之初，是否就結構安全做加強設計。	可能因二次施工不當，損壞原始結構，且夾層樓板耐重性較差，擺放大型家具，容易加重結構負擔，造成安全疑慮。

不規則型格局

　　不規則屋型定義較模糊，也較難評斷好壞，雖然普遍來說，不規則型房子容易產生畸零角，可能形成空間浪費，且依國人習慣較喜歡平直的牆面，對於不規則歪斜接受度較低。但若在國外，室內空間非常足夠的情況下，不規則型應不會造成格局規劃時的難度，也有可能創造更多創意格局。不過專業設計師也認為，考慮老屋格局應搭配上基地條件，才適合一起討論配置規劃上的難度。

▶ 圖片提供｜一它設計

老屋屋齡

老屋因屋價低於市價約 2～3 成，加上低公設比、室內坪數較足等優點，近年在房屋市場中有翻紅趨勢。不過，這些不同年齡層的老屋，分別有其各自不同的問題，接下來從屋齡觀點分類，一一細數不同年齡層的房子的優、缺點及注意事項。

▶ 圖片提供｜大名設計

20～29 年

20～29 年的房子算是最資淺的老屋，正常情況下建築結構應該堅固，而外觀若保養得宜也不會太差，唯民國 88 年以前的房子因當時建築法規要求建物的耐震係數僅到 5，與現行法規不同而有隱憂。另外，20 幾年前蓋的房子，因當時住宅電器化程度較低，用電形式、用電量都與現今不同；加上水電管路均為耗材，原則上 15～20 年就應換新，因此，即使購屋後格局適用不需重新裝修，也建議將水電管路重新規劃。

30～39 年

30 年以上的房屋屋況多半已呈現自然老化，若之前屋主從未裝修整理過，屋內格局、木作櫥櫃、廚房、衛浴設備應該都已經不合時宜，同時因水路老舊汙鏽導致飲水健康的疑慮，而且電線可能因殘破而引發漏電、燃燒的致命危機，應作全面更新。另外，牆面可能出現壁癌、漏水現象，所以鋁窗、泥作、木工方面的設計改造也不能少，基礎工程費用成為不可或缺的預算。此屋齡房子還有一件事要特別確認，由於 30 幾年的房子正值民國 70 幾年海砂屋、輻射屋等汙染嚴重的時期，購屋前應先請仲介提出安全證明；或者可以上各縣市政府網站查詢，確認是否為海砂屋、輻射屋、地震屋、山坡地房屋等，多一個查詢動作，就能避開問題老屋。

40 年以上老屋除了可從外觀目視有無牆面歪斜，或可用乒乓球測試地板傾斜狀況外，還要弄清楚房子是 RC 結構或是為磚造屋，由於此屋齡的房子除了有 30 年以上老屋問題外，可能還需以植筋或鋼構方式加強結構安全。另外要注意的是，基本上 40 年左右的房子銀行貸款的成數相當低，若位於市中心的話還有土地價值，否則未來脫手可能更難，購屋者應事先了解再決定。

老屋屋況

老屋超過 30 ～ 40 年風吹雨淋、地震天災的摧殘，無論何種屋型自然老態萌生，但如專業設計師所言，絕大多數老屋經過適度修復多可再回春，但因屋況好壞會直接影響修復預算，不可冒進。問題屋況若是「外傷」還容易判別，最擾人的是遇到「內傷」，亦即肉眼看不到的問題，例如，浴室樓板與牆面隔音，是否能聽見樓上開水或沖水的聲音，廁所的汙水氣味會不會上下樓互相影響，外牆是否已無防水功能，水是否會在室內不同的位置滲出等。這些問題屋況在沒有任何資訊下，僅從外觀來查看其實非常有限，因此，設計師建議最好能與前任屋主、或者上下樓及左右的鄰居建立良好溝通，在裝修時可將問題一併解決。以下整理出老屋常見屋況問題提供準備購入老屋者參考。

▶ 攝影｜喃喃

管線老化

主要鎖定電路與水路，專家建議超過 15 年就需考慮將管線全面換新。尤其電路不易檢查、又具危險性，加上現代家庭電器用量大幅增加，而早期的總電量安培數多半已不敷使用，必須重新向電力公司申請。至於水路，除了依漏水情形來決定要不要

▶ 圖片提供｜新澄設計

重新佈線外，早期住宅水管的材質若為鐵管、塑膠管則有生鏽、卡垢疑慮，產生飲用水健康問題，建議還是換掉。而除了室內水管，也應查看幹管是否有漏水問題，還有就是由外面接進來公共幹管若未更換，即使室內已經換管，但從水塔至居家段仍有汙染問題，因此需從公共水塔直接拉管重設。

結構損壞

老屋最擔心的問題在於前屋主們是否曾作過結構變更，尤其若未經評估就變更格局可能造成房屋結構失衡，導致危險，應請前屋主提供房屋「竣工圖」，若有樑柱變更過則盡量避開不買，或另請結構技師作評估。還有若室內已重新裝修過無法觀察屋況，可由公共設施如外牆、Lobby、樓梯間等地方，詳細查看是否出現每層樓同方向性的裂痕、頂板混凝土塊剝落以及樑的水平裂縫、柱子的垂直裂縫，藉此評估屋況安全性。

設備老舊

設備包括衛浴間內設備、廚房三機、冷氣空調等，是否需要更換的考量重點依序為：1. 設備是否還堪用？2. 機能是否合用？ 3. 衛生性及舒適度屋主是否能接受？通常若有重新裝修設計者設備多會跟著換新，但有些老屋可能近幾年已做過維修及設備更換，因此，新屋主可依照自己的需求來決定是否沿用，若預算不足也可日後再作更換。

漏水

此部分漏水主要指牆面、天花板的問題，尤其在外牆部分最簡易的勘查就是察看有無明顯水痕；但室內若已有裝修過恐怕不容易看到，建議可以從公設去看，了解外牆或屋頂防水是否需重作。

▶ 圖片提供│爾聲空間設計

蟲害

許多老屋有蟲害問題，主要是室內潮濕造成寄生的蟲卵得以孳生繁衍，需要依個別屋況檢視，了解發生蟲害問題是在於氣候、環境，屋內通風不佳、濕氣不易蒸散，或是木作家具導致，若屋內有木結構者更要小心評估，以免購屋後要花大錢作結構修復，恐怕得不償失。

預算：事前規劃，錢要花在刀口上

POINT **2**

老屋多半是指屋齡逾 20 年以上，可想而知，整體屋況都不如新成屋，水電管線年久失修、鋁窗也可能開始出現漏水或矽利康老化等狀況，再來是廚具、衛浴設備也多半不符合現代人的使用習慣，因此選擇老屋裝潢勢必得花更多預算整頓基礎工程，約佔總預算的 5～6 成左右，包括重新針對電器設備配置專電或迴路，老舊陽台、鋁窗、衛浴等處的防水也務必重新施作。

其餘像是木作工程、裝飾性工程、軟裝家具配置，則必須捨棄過多線條或是高單價的材質，利用替代式平價材料、精簡的設計手法，達到預算的平衡花費，卻也同時能滿足視覺效果。

必須花的基礎工程
做好基礎工程更新，延長老屋壽命

超過 20 年以上的老屋，通常屋況都不是很好，往往伴隨嚴重的漏水壁癌、水管老舊堵塞生鏽、電線插座變黑，以及舊式鋁窗甚至是木窗毫無任何隔音效果等問題，這些攸關居住安全以及日後生活的舒適性，也因此，老屋裝修的預算分配至少有高達 5～6 成會放在基礎工程項目。

老屋翻修必要的基礎工程包含：拆除、泥作、水電、鋁窗、廚具、衛浴、油漆。過程中，

20 年以上老屋多會重新更換管線，又或者會視原始屋況是否有陰暗狹窄、動線不佳等問題，進而進行拆除隔牆動作，因此拆除預算相對來說遠比新成屋來得高；雖說仍需依不同案例的拆除狀況做衡量，但老屋拆除費用建議可預估約總預算的 3 ～ 5%。拆除過程中應注意避免毀壞沿用設備、結構，拆除之後則需注意是否有老屋結構受損或蛀蟲問題，若有以上問題，則可能要臨時增加額外的防蟲與補強結構費用。

隨著格局變動、現代化家電設備的增加，除了必須搭配更大的配電箱，開關迴路重新設計規劃，水電管線材質也要全面更新，例如以不鏽鋼管取代塑膠管線、不鏽鋼管還要包覆保溫材，所以水電費用大約佔總預算的 10 ～ 15%之間。泥作工程則包括防水施作、地壁磚打底鋪貼，其中老屋的廚房衛浴通常是需同時施作這兩種工程的空間；另外，水泥工程並非只是單純地只有打底磁磚鋪貼，一旦水電開挖管槽，也得透過泥作後續修補，因此水泥工程建議預估約在總預算的 15%之間。

其它像是鋁窗工程、油漆工程、空調設備大約各自佔總費用的 10%，一般超過 15 年以上的鋁窗，較容易有漏水、氣密不佳問題，建議還是更換為佳。老屋牆面除非原始狀況良好，否則還是得重新做好打底粉刷，新規劃的天花板也省不了後續油漆工序，而老房子過去多半僅有窗型冷氣，重新翻修可考慮以吊隱式、分離式空調，重新做好配管規劃。除此之外，廚具、衛浴設備更新也是老屋翻修無法省略的環節，這部分依據屋主需求，大約佔據裝潢費用的 2 ～ 3%。

翻修工程費用平均分攤比例，單純以數字可能較無法明確的想像，以下利用簡單的圓餅圖，清楚表示出各項費用的佔比，如此可幫助事前規劃時，針對各項工程的費用有更清楚的想像，進而做出適當的調整。

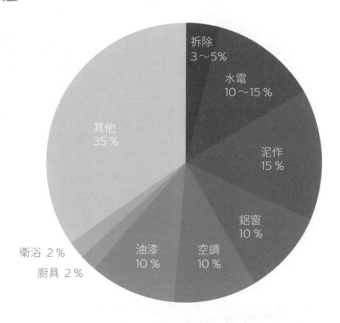

省著花的木作工程
簡化造型、選對材料省工序，錢要省著花

一般裝潢費用當中，木作工程佔據的比例通常也不少，這部分會包括天花板、櫃體、隔間、地板項目，然而老屋裝潢在必要基礎工程已花費高達 5 ～ 6 成的預算，此時在木作工程，則不妨透過一些方式達到精簡。

從居家空間必備的天花板設計來說，如果不介意管線裸露，可省略天花板直接以刷漆處理，或是因應管線遮蔽、照明規劃選擇局部施作，若仍希望利用天花板美化空間，此時建議選擇平釘天花板而非造型天花板，由於使用材質數量與施工難易差異頗大，所以兩者每坪單價相差幾乎一半左右，若以省錢為目的，確實可少省下不少費用。

多數屋主在意的收納櫃體，除了可選擇平價現成家具，也可以系統櫃取代，不過系統櫃建議盡量選擇制式規格，因為若超出制式規格就必須採量身訂製，費用也會因此增加，無法達到

省錢目的；至於仍無法捨棄木作櫃體的人，建議可直接把櫃體當作隔間牆，櫃體一物兩用，可滿足收納與隔間雙重需求。

此外，木作實木貼皮費用高、作染色或烤漆，費用也會再往上增加，若喜歡木素材的質樸紋理，其實可以直接選擇如：松木板材，表面無須再做任何處理，還能展現自然的紋理。

▶ 圖片提供｜奧立佛設計

木作工程費用

項目	價格
木作天花板	木作天花通常會依造使用材質、施工方式與造型難易度，而在價格上出現差異，一般平釘天花板約 NT.3,500～4,500 元／坪，造型天花則會因造型關係，價格落差較大，價格約在 NT.8,000～10,000 元／坪不等。
木作隔間	木作隔間最常使用的材質為矽酸鈣板、木心板、夾心板等，價格約為 NT1,000～2,000 元／尺不等，如果對隔音要求較高，則需塞入隔音棉加強，隔間費用相對也會提高。
木作櫃	木作櫃一般以尺與櫃體高度做計價，櫃高可分為高櫃、中櫃與矮櫃，高櫃高度 120～240 公分，約 NT.5,000～8,000 元／尺，中櫃高度 90～120 公分，約 NT.3,500~6,000 元／尺，高度 90 公分以下為矮櫃，約 NT.2,000～3,500 元／尺，除此之外，木作櫃依據櫃體厚度、開門方式，以及使用材質的不同，也會造成價格差異。

▶ 以上為參考價格，需依案例實際情況有所調整。

晚點花的家具配置
平價、復古單品點綴，省預算也能提升質感

　　老屋翻修必須將預算著重在基礎工程整頓，針對像是家具、窗簾、家飾等屬於軟件裝飾，則建議採用分批採購的概念，而不用堅持非一次買齊不可。購買家具的時候，除了先選擇最必須的項目，例如沙發、電視櫃、餐桌椅，也可多方進行比價，以平價設計品牌為主力，或是挑選年終折扣、百貨周年慶等活動時採購，若是原有家具狀況良好，也可考慮以重新繃布、或是換色等方式處理，同樣也有節省預算的效果。

▶ 圖片提供｜曾建豪建築師事務所 /PartiDesign Studio

　　除此之外，窗簾布料也是價差極大的項目之一，不僅是國產、進口品牌費用落搭大，簡單俐落的捲簾亦會比蛇形簾來得平價許多。另外，若是尺寸沒有落差太大，不妨選購現成的窗簾款式，也會比訂製更省一點。而比起進口品牌，許多復古老件、工業風家具的價位平實、選擇種類多元，只要挑選1～2件單品做為搭配，空間就可以有畫龍點睛的效果。

　　預算除了要做好事前規劃外，也可利用一些裝潢小技巧精省費用，像是原有廚房壁面可直接貼飾烤漆玻璃，省下拆除、泥作費用，若老屋原始地磚狀況還算堪用、沒有破損或不平整問題，亦可選擇直接鋪設木地板，甚至於衛浴空間的乾區牆面，以塗料取代磁磚，都是可確實省錢的方法。

工程：做對翻修，安心入住老屋

　　房子壽命一般來說大約是 40 年，當屋齡超過 20 年以上，基於時間與天候變化，不管室內還是室外，多少會出現損壞。除了看得見的漏水、壁癌外，看不見的老舊管線，也潛藏健康跟安全風險。為了在老屋中住得舒適跟安心，花費在格局調整、抓漏防漏、管線重設等基礎工程費用通常會比新成屋高很多，翻修前一定要有這樣的認知，才能避免產生「花大錢，卻沒做什麼裝潢」的心理失落。以下針對漏水、管線老化、結構更動及設備老舊四大面向提供部分實例示範，方便了解老屋可能發生的狀況及解決方法，以利後續跟設計師或工班溝通。

漏水

　　老房子最常見就是漏水問題。漏水不只會發生在室外牆，室內用水區更是容易出狀況的熱點；若是透天厝或頂樓，除了牆面，屋頂漏水也經常發生。漏水成因與解決方式會因發生區域而有所不同，但最棘手的就是短時間不易發現，長期下來卻衍生出壁癌而影響生活品質。對於屋齡至少 20 年的老房子來說，「漏水檢測」跟「防水加強」絕對是翻修時的重點；從改建時就預作處理、防範，才能避免事後花費更多金錢、時間補救的麻煩。一般常見的漏水問題大概有以下幾種：

牆面漏水

　　室內牆面漏水常跟外牆有連帶關係，例如外牆老化、龜裂、填縫不實，導致牆面長期含水而造成漏水。若是防水層材質不佳、施工不良也會造成漏水。此外，給、排水管老舊、破損、接頭鬆脫，亦是常見的漏水元凶。

屋頂漏水

　　室內天花板漏水多與樓上住戶給、排水管或浴室、陽台地面防水層破裂有關。頂樓住戶則可能因空中花園沒有施作防水，或排水管遭泥沙落葉淤積而漏水。屋頂防水材品質不良、與建築材結合度不佳，或因蒸氣壓力破損皆是成因之一。

窗戶漏水

▶ 圖片提供｜禾郅設計

　　窗戶漏水原因大約包含幾種，例如，窗戶和牆體間的縫隙過大或氣密不足、窗框邊砂漿層開裂脫落、窗槽排水孔不通暢導致積水、或是窗戶附近牆體防水層被破壞等等原因。有些高樓層住家也會因風雨大產生窗框滲水現象。

地面漏水

　　地面或牆角漏水好發於浴室外牆，產生原因常是洗臉台或浴缸排水管破裂造成；可以使用連續放水方式檢查漏水量是否有變化。若是防水層漏水，除能用水壓機檢測外，還可採用閉水方式檢測，觀察樓下用戶天花板是否因用水與否而產生滲漏，方能對症下藥。

　　每種漏水施作方式皆不盡相同，工程應該要如何進行，才能確保不再發生漏水問題，以下就幾種漏水狀況，提供適當的解決方式供大家參考。

▶ 圖片提供｜日作設計

PROBLEM 1

牆、窗銜接處砂漿開裂使壁癌惡化

屋齡 23 年的老屋，因為窗戶離外牆太近，邊間受雨面積又大，加上沒有雨遮阻擋，讓濕氣直接侵入牆面造成壁癌。此外，結構牆與窗框銜接處的砂漿層開裂，周邊用來填縫止水的矽利康無法發揮功用，都讓 L 型轉角附近的滲漏狀況更為明顯。

SOLUTION

外補防水、內填水泥化解滲漏

考量預算，保留原窗型不做更動，加上是電梯大樓高樓層，無法做抹灰層鑿除、清理的動作，故僅在外牆塗上一層透明的瓷磚補漏漆強化防水、降低濕氣入侵機會。內部將已經含水粉化、脫落的牆面打除至露出磚牆，並重新回填水泥；針對轉角開裂的砂漿層填補，最後批土、上漆化解了壁癌的狀況。此外，主臥浴室內更新抽風設備，亦有助減少水氣逸散潮濕，讓室內常保乾爽。

▶ 圖片提供｜日作設計

閒置老屋經久失修，外牆裂縫促發壁癌

舊式工法在防水處理上沒有像現代住家那麼講究，長期閒置缺乏維護，加上台灣地震多等種種因素，導致獨棟老屋外牆裂縫多，水氣侵入造成全室牆面壁癌。梯間因氣流不暢且該處外牆縫隙大，所以壁癌情況格外嚴重。梯間雖有開設小窗，但對於採光跟通風助益有限。

▶ 圖片提供｜禾郅設計

SOLUTION

內、外牆重填水泥，藉開窗增光、防潮

外牆部分鑿除抹灰層，重新回填水泥砂漿打底，並新上防水塗料跟晴雨漆，讓外牆具有防護力。裝飾面則以細顆粒的白色石頭漆，搭配團塊狀的文化石鋪陳，營造出屋主想要的日式情調。內部牆面施作程序與外牆雷同，但善用屋體本身 RC 結構厚度，用鐵件窗框闢設了數個深距約 22 公分厚的長條窗；如此一來，不但可以強化梯間採光，也有助減少水氣積累。餐廳區位於屋子後段，除了用大面積玻璃窗增加採光與空間感，亦將原本側牆下修，從腰窗改成落地門，增加出入方便之餘，也連帶調整了室內氣流走向，讓住家更通風乾爽。

▶ 圖片提供｜禾郅設計

▶ 圖片提供｜新澄設計

PROBLEM 3

原格局遮蔽開窗優勢，人為因素使漏水加劇

　　老屋向陽面剛好是兩間臥房相鄰，從室內向外望，會發現窗戶規劃呈現一間靠左、一間靠右，併連成一整排的形式。對外窗面積雖不小，可惜被隔間牆阻擋，光線與氣流無法引入室內。住家樓上是分租套房，管路牽設經過變動，加上防水層沒有做好，竟是以建築廢棄物回填，導致案例室內多處牆面皆有水痕。此外，舊窗戶因為老化，使窗間縫隙變大、無法密合，也讓窗戶附近的壁癌變得明顯。

SOLUTION

補防水、換新窗，多管齊下治漏水

　　在外牆部分增塗防水漆，避免日後外牆滲水。內牆部分，除了重新回填水泥砂漿，還使用了 ICI 的強力防水底膠補強，讓牆面重現平滑。重作新的鋁窗，並裝設百葉窗簾調光透氣，翻修後亦調整了房門開口位置及開門方式，讓光與風盡可能地在屋內流動。此外，與樓上房東協調，請對方重新處理管線及加強防水層，藉由多管齊下的處理，避免漏水情況再次發生。

▶ 圖片提供｜新澄設計

管線老化

　　老屋翻修時,最常聽到的建議就是將全室管線換新。這些平日裡不起眼的管路,卻是掌管日常運行順暢與否的命脈,同時也常成為老屋出狀況最多的地方。不管是排水管破裂讓家中大淹水、甚至害鄰居天花漏水,或是電線走火導致火災、瓦斯管洩氣造成一氧化碳中毒等多是因為管線老化惹的禍。此外,裝修前一定要針對維修的便利性,以及迴路設置、總電量負荷等問題做通盤的預想規劃,才能減少日後無謂的麻煩。

水管

　　家用水管分成給水管與排水管,排水管多以 PVC 管為主,管徑較大。給水管牽涉冷、熱;熱水管通常使用壓接白鐵管,冷水管則 PVC 跟白鐵管都有人使用。明管還是暗管好?各有優劣,目前趨勢以方便檢修的明管為主。但明管有水流聲較大或美觀問題,裝修時最好能針對隔音、修飾手法做通盤考量,才能在實用與美感間取得平衡。

原餐廚區位不佳,生活動線冗長又重複

　　原餐、廚位於長型屋後方增建處,雖然達到機能整合目的,但與入口及客廳距離太遠,中間還得穿過臥房區才能抵達。此外,舊的浴廁格局成扁長狀,入口也距離餐廚區遠,對於年長又獨居的屋主來說,生活動線顯得冗長又重複,使用上十分不便。

▶ 圖片提供│日作設計

SOLUTION

將餐廚、衛浴向前挪移,精簡生活動線

　　餐、廚調整至玄關旁直接取代客廳,讓白日活動時所需機能可以整合在同一區域。將衛浴位置向前挪移,縮短幅寬使格局變得較方正,透過雙入口設計,大幅縮短如廁距離。冷、熱水管皆採用不鏽鋼壓接管增加抗震與耐用度,但熱水管特別挑選外層增加保溫防護功能的規格

品，減少熱能逸散。此外，捨棄桶裝瓦斯改用電爐烹調，既省去瓦斯遷管的麻煩，也增加高齡者使用的安全性及清潔便利。

管線老化嚴重，且格局調整無法沿用

40 年老屋給水管嚴重鏽蝕，排水管也已經老化，加上廚房位置做了大幅更動往前挪移；衛浴則擴增面積並調換了入口方向，故原先的給、排水配置無法沿用，需要重新調整。此外，舊的電箱容量小、迴路組數少，管線也同樣有老化的問題，無法負荷新的用電需求。

乾式工法埋水管，統整電箱好維修

由於老屋樓板較薄，無法採用灌漿方式埋設給、排水管，因此刨除原有磁磚面後，將地板下挖約 3 公分埋管，同時加裝回水閥，讓熱回水設備能發揮作用。地板則以乾式工法鋪設仿水泥地磚完成修飾。加大電箱體積，並針對高功率電器設置單一迴路。將弱電箱及電箱統整在電視主牆上，表面再以訂製的毛絲面不鏽鋼板覆蓋，不僅方便日後維修，也因提昇了建材的細膩度，使電箱變成裝飾的一環。

PROBLEM 3

舊管路以暗管埋設，不利檢修

小巷內的透天連棟老屋，住家地理環境潮濕寒涼，雖經過增建，但翻修前給、排水管及糞管仍以水泥砂漿埋設於地面，並鋪設磁磚修飾，若要檢修需動到泥作較為費工。且一樓地面會反潮容易濕滑，磁磚在觀感上也較冰冷。

▶ 圖片提供｜日作設計

SOLUTION

架高地板縮短泥作時間，提升維修效率

▶ 圖片提供｜日作設計

翻修後原本就因裝設地暖需要架高地板；此外，若不採用架高手法，水泥砂漿使用量勢必大增，不僅會提高預算占比，水泥乾透時間也長，不利於工期掌握；因此室內地面全都以木作架高 15 公分，再搭配海島型木地板鋪面，令視覺與觸覺都能提升暖意。原有的給、排水皆不使用填塞廢除。糞管則是先將原有管路挖出後，重新配置再接入化糞池。新管道皆走架高木地板內明管，立面的空調排水管則採埋牆配置。為了因應入口無障礙設計，這裡還是採用泥作施工，但在木地板與斜坡交接處墊上 2 塊紅磚高度解決段差，此舉也能讓水泥趕快乾透，方便後續鋪磚。

電線

家用電源線一般採 BVVL×2.5 和 BVVL×1.5 型號的電線。BVVL 是國家標準代號，含義是為單根塑銅線，後方數字則代表橫截面積，是 2.5mm 跟 1.5mm。匯流排式電箱安全性高、組裝方便，是配電設備首選，若加裝無熔絲開關（NFB) 或「漏電斷路器」，更有助提升住家安全。

PROBLEM 1

舊電箱迴路安排不足，造成跳電狀況

多數家庭用電是採單相三線式配電箱，但因為迴路組數較少，且單一迴路的電量不足，如果同時使用高功率電器時，很容易產生跳電狀況。此外，電箱體積小也沒有預留增加迴路的空間，無法因應日益增加的用電需求。加上舊電線外皮已經逐漸硬化，也有走火的安全顧慮。

▶ 圖片提供│日作設計

SOLUTION

專電專用，並加裝漏電斷路器增加安全

將原電箱更換成匯流排式的新電箱，此種電箱優點是無熔絲開關安裝便利，一體成型的紅銅匯流排也沒有組裝鬆動的問題，所耐電流相當高非常安全。並針對暖風機、地暖設備、空調、冰箱等高功率的電器，單獨設置電流迴路避免跳電。考量浴室、廚房等遇水區域比較容易受潮，這兩區的迴路皆採用有漏電斷路器的開關，只要一有漏電狀況就會關閉。此外，所有電線皆有套管避免電波互相干擾及動物咬囓，也方便日後檢修時查找。電箱外蓋採按壓開啟，隱藏式設計更能與火山泥電視牆融為一體。

▶ 圖片提供│日作設計

舊變電器 220V 電壓不足，無法因應供電需求

一般家庭用電多採單相三線式 110/220V 的電源。但案例住家是 380V 的電壓，需經過變壓器轉成 220V 跟 110V 的電才能使用。舊的變壓器雖有轉換功能，但因新式家電有許多屬於高功率產品，且部分燈具也是 220V，舊變壓器電壓量不足，所以需要更換。

▸ 圖片提供｜日作設計

SOLUTION

更換變壓器，增加電壓解決缺失

由於電能形成跟相位、火線、中性線有關，所謂的單相三線式，指得是 2 火線 +1 中性線。兩火線相對於中性線電壓為 110V，但是兩者相對於中性線電壓的相位相差 180 度，或說一正一負，因此兩火線間電壓為 220V。案例住家屬於住商混合電梯大樓，大樓運作時需要較大的電力（例如消防設施、電梯等等），原則上都會使用到三相的用電，因此需要經過變壓才能使用。現代大樓通常會將變壓器統一安裝在地下室的配電室中再分送，但案例大樓因為沒有單獨配電室，才會採高壓分到各戶之後再轉低壓的方式規劃。

▸ 圖片提供｜日作設計

瓦斯管

瓦斯分成天然氣與桶裝瓦斯兩種；天然氣多採明管鋪設，主要材質有鍍鋅鐵管、硬質塩化 PVC 包覆鋼管及不銹鋼管這幾種，除了硬式金屬管，亦有同材質之可撓性鋼管。桶裝瓦斯一般多用鋼絲軟管連接瓦斯爐或熱水器，但鋼絲軟管內部管線破損時不易察覺，因此可選購有 CNS 標示的橡膠軟管，且軟管建議每兩年更換一次以確保安全。

PROBLEM

管線老舊雜亂，設備不符生活需求

　　原承租戶從事餐飲小吃，為了方便清洗食材及工作設備，除了在廚房地面加設一道小檻止水外，還在後陽台牽設數個明管給水。此外，舊的天然氣與排水管線裸露於天頂，也讓觀瞻更顯雜亂，原設備亦不符住家使用，且棟距太近有隱私及安全疑慮，故於翻修時全部更新。

▸圖片提供｜新澄設計

SOLUTION

加裝防盜鋁窗，重置管線與設備

　　原本的給、排水管路廢棄不用重新埋暗管，並將原本位於陽台左側的熱水器移至右側，再利用木作封頂讓管路隱藏。後陽台增設防盜鋁窗，提升晴雨利用率，地面則以木紋磚滿足美感與實用需求。廚房撤除地面小檻，以一字型廚具滿足生活所需。長條型的間接照明提升了空間明亮，也藉此讓電線可以隱藏於天花中，並規劃維修孔讓日後維護更方便。

▸圖片提供｜新澄設計

結構更動

　　室內設計中談到的結構，指得是支撐建物、形塑格局的樑、柱、天、地、壁面等基礎條件。一般住家會進行結構更動主因，多是原格局牆面太多，阻礙了採光跟氣流，使得動線變得曲折或冗長。當結構有破損或歪斜時，就需要依靠設計手法來整頓。此外，老屋也經常包含增建範圍，增建區雖然能擴充使用面積，但也常造成銜接牆面滲漏，或利用率不高等新問題，因此翻修時對於空間的增、減最好能重新思考其必要性，才能打造出更合身的住家。

PROBLEM 1

後院面積過大，但利用率卻不高

　　縱觀原格局，會發現後院面積幾乎等同室內空間的 1/3，不但沒有任何遮蔭設備，地面也長滿了濕滑的青苔。除了晾曬衣物跟叫送瓦斯，屋主平日鮮少在這個區域活動。此外，後院與外路相通卻沒有任何防盜措施，除了平白浪費了難得的活動空間，在安全性上也堪慮。

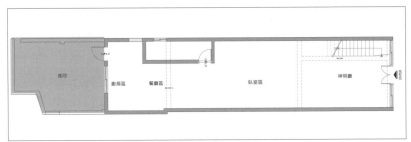

▶ 圖片提供｜日作設計

SOLUTION

擴增半戶外家事工作區，活化後院利用

▶ 圖片提供｜日作設計

　　原格局餐廚及部分衛浴皆屬增建，後來因鄰居也擴建，導致浴室對外窗無法使用。改建後將原本位居屋後餐、廚區對調至屋前、衛浴向前挪移，並順應原本增建的天頂線條，闢出斜頂的多功能區，讓室內機能調度更有彈性。部分後院改為 3 米多的家事工作區；架高塑木地板止滑性高、清理容易，還預留維修孔可檢修排水管道。玻璃採光罩減少落雨聲量，上頭再以現成鋁料噴白架設防落網作保護。牆面用防潮水泥板對應半戶外氣候，搭配防盜鐵窗圈圍，大大升級了後院實用性及利用率。

PROBLEM
2

沿地街線建築，導致室內牆面歪斜

案例位在寸土寸金的士林夜市內，建築時便希望將所有權極大化，因而導致結構歪斜。特別是在入口左側的兩間臥室隔牆及沙發背牆處格外明顯。但因前住戶僅是租客，又是為了堆放生財用具所承租，因此對於空間缺失並不在意，也不曾進行任何處理。

▶ 圖片提供｜新澄設計

SOLUTION

以木作拉齊牆面水平，藉對稱調校空間方正

考量室外採光須從左側房間引入，加上一般推拉門較佔空間，且還有滑軌門需要隱藏軌道等因素，因此不用砌磚手法，直接以木作來修齊立面，藉由更動其中一房入口，確立出平整對稱的新牆面。沙發背牆除了以大理石系統板調校，亦再次利用對稱手法，將牆面右側的大柱包藏在深色餐櫃內。因牆面幅寬與餐櫃幾近五五佔比，藉由一凹一凸的對應，再次創造出平衡、方正的視覺感。餐櫃旁是通往廚房與主臥的入口，原牆面雖沒有傾斜，但一樣利用木作將隔牆外推與柱齊；既可加大機能區使用面積，也讓入口與兩間次臥呼應，強化端正印象。

▶ 圖片提供｜新澄設計

設備老舊

老屋翻新除了透過格局、動線、管路的更動來改善舊有缺失之外，最重要的目的就是強化生活品質。許多人因為惜物或預算而沿用舊的設備，但隨著居住成員不同或需求變動，過去使用的設備可能會因老舊，或款型不恰當而無法符合新的生活型態，最好能趁著翻修時做總盤點。不過不論是更新或是增添新的設備，一定要確認空間條件是否能因應，以免因沒有事先埋管、預留間距不足等問題，而使翻修滿意度打了折扣。

PROBLEM 1

鐵窗老化讓外觀陳舊、防盜功能削弱

一樓入口兩側以平推式木窗與鐵窗共構門面；但舊的鐵窗年久斑駁鏽蝕，且覆蓋位置貼近木窗，防盜功能較不理想。而毛玻璃窗雖然能保留隱私，但對於外部狀況相對較不能掌握，亦無法隨需求調整光線與通風。屋齡高加上舊建材，也讓整體外觀看起來沒有精神。

▸ 圖片提供｜日作設計

SOLUTION

玻璃百頁調控光與風，復刻鐵窗回應舊回憶

不更動原有木窗、紗窗，以節省拆除費用，僅撤掉大門外的舊紗窗露出木門，並在原窗前加裝玻璃百頁，讓光線與氣流的調節更符合需求。此外，為了不讓門面與舊家落差太大，刻意打造復古線條鐵窗，並順應新窗型，將鐵窗間距加深

▸ 圖片提供｜日作設計

15 公分左右。如此一來，防盜功能更牢固，白色鐵窗與玻璃百頁又營造了現代感，讓家在舊的基底上，開創出迷人新風貌。

PROBLEM 2

住家潮濕冰冷，不利長者獨居

位在北投的長型屋，採光僅在前、後兩端，不僅空間昏暗，冬日環境亦特別的潮濕寒冷。加上動線冗長，對於腰、腿功能逐漸退化的獨居長者而言是一大負擔。此外，原本地板鋪面採用磁磚，雖然清理容易，但返潮時會變得濕滑，增加了跌倒的危險性。

SOLUTION

架高木作鋪設地暖，讓身心都暖和

為了化解受寒跟潮濕的困境，決定架高地板鋪設地暖，同時也讓新更換的給、排水及糞管，能夠利用架高空間改成明管，增加維修的方便。木地板區採用乾式工法，先鋪上綠色保溫墊再放置電熱管，上層以海島型木地板拼裝，提升視覺與觸覺的暖感。浴室地熱則採濕式工法，直接於地面安裝電熱管，並在地暖接點附近加裝防潮布，薄敷自平水泥後，再用益膠泥塗上瓷磚拼貼。浴室天花並加裝暖風機，讓通風跟溫暖皆能確保。透過格局調整改善通風與採光，再搭配地熱與走道櫃牆中設置的電熱除潮棒，一舉將寒冷潮濕趕光光。

桶裝瓦斯使用不便，危險性較高

老屋原本就沒有天然氣管線，必須使用桶裝瓦斯，且原本增建的廚房位居長屋最後端，每次更換皆須穿過客廳、臥房才能抵達廚房，並將瓦斯桶放在後院；不僅動線冗長、程序繁複，在隱私性上也受到莫大干擾。加上每次都要叫送瓦斯非常麻煩，如有洩氣也不易第一時間察覺，徒增安全疑慮。

預埋儲熱型熱水器，熱水供應快又省

**SOLUTION
1**

考量桶裝瓦斯的種種不便，將原本外接的瓦斯管廢棄，熱能供應源直接改成電力。廚房烹調改成電陶爐，而浴室跟廚房的熱水則以儲熱型熱水器供應。為了使供水路徑更有效率，直接將熱水器裝設在浴室天花。由於廚房與衛浴相鄰，埋設的路徑上同時也包含廚房的排煙管。由於排煙路徑長約 10 公尺，容易在中途產生沉積現象，於是在路徑約 6 公尺處增設一個加壓馬達，使油煙能順利排出屋外。

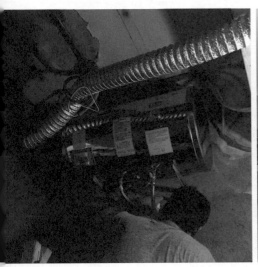

▶ 圖片提供｜日作設計

熱回水系統升級節能效率，兼具地暖效果

　　對於原本就沒有裝設天然氣的老屋而言，除了可以利用儲熱式熱水器來節省水資源的消耗外，還可以考慮加裝熱回水設備。回水器的使用原理就是利用止回閥將熱水管中冷卻的水迴流至冷水管，透過內循環的方式讓你一開就有熱水可用。回水器可透過多種方式來控制，所以不必擔心長時間開啟耗電問題。由於給、排水管多埋設於地面，當回水功能啟動時自然就會提升地面溫度、減少冰冷。

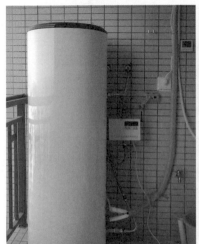

▶ 圖片提供｜新澄設計

格局：格局重塑，擺脫陰暗、潮濕、不通風

　　格局的配置關係到生活舒適性和動線流暢度，在拆解老屋格局時，往往有著採光、通風和動線的問題，這是因為早期社會的家庭形式、建築和現在已大不相同。像是以往為大家族的形式，人數眾多，因此安排格局時多半會以容納最多房間來設計。可一旦房間過多，家中每區的坪數就相對狹小，同時也會阻隔採光進入，導致空間壓迫、室內陰暗。

　　此外，房屋形狀也會影響老屋的格局，像早期常見長型街屋的建築樣式，房屋面寬窄、縱深長，配置上就容易出現狹長走道和中央無光的困擾。因此以下將一一解析老屋常見的格局問題，並提供實際案例的解決手法，扭轉不良屋況，迎向明亮寬敞的新生活。

中間陰暗格局

　　空間中央陰暗，是老屋常見的格局問題。這是因為早期多為長型街屋的樣式，僅在前後有採光，空間過於狹長，陽光無法深入到中央。又或是方形格局，四周即便有採光，採光好的區域卻留給臥室和客廳，因此光線就無法進入走廊或餐廳，形成陰暗角落。

▶ 圖片提供｜思謬空間設計

僅前後有採光，中央相對黯淡

本案例屋況採光條件不佳，客廳僅能獲得來自前陽台的光線，後方日光又被房間隔牆阻擋，中央地帶就容易變得陰暗無光。同時屋型偏窄長，客廳後方又隔出一房，空間深度相對緊縮，看起來更狹小。

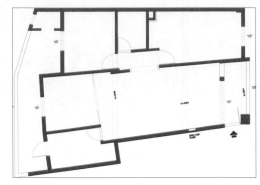

▶ 圖片提供｜思謬空間設計

SOLUTION

陽台外推和通透材質，借入光線

考慮到單面光源的不足，相鄰客廳的書房隔間拆除，改設玻璃拉門，適時引入書房光線。並外推陽台，讓光線不受阻隔得以深入。空間的深度和寬度也順勢延伸，十字軸線的設計讓空間看起來更寬廣。

▼ 圖片提供—思謬空間設計

僅有單向採光，光線無法深入

客廳雖有落地窗景，但光量不足無法深入中央。再加上來自後方的採光，也被房間遮擋。因此採光僅有單向，中央餐廳相對陰暗。除了餐廳無光，兩間衛浴的四面都無窗，不僅需仰賴人工照明，也容易造成通風和排濕不良的問題。

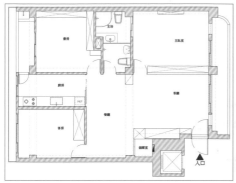

SOLUTION

加大窗戶，引入整面光景

　　拆除客廳後方的房間，拉長空間景深，隨之開闊。同時將面向前陽台的半高窗戶改為落地窗，視野得以向外延展，也獲得一整面落地窗景，更多光線自然湧入。拆除客房隔間改為拉門，引入後方採光，光源變得更充足。而為了解決衛浴無採光的問題，主浴入口改以通透玻璃，借入主臥光線。同時兩間衛浴之間改以霧面玻璃區隔，透光不透視，讓空間更為明亮。

四周隔間阻光，中央陰暗

此為 L 型格局，本身僅有兩面採光，光線原本就不足，卻分別被客廳和臥室佔據。再加上封閉的廚房設計，以及客廳和餐廳之間有著彈性拉門區隔，光線便無法進入中央餐廳和走道，形成暗室，連白天都要開燈。而次臥雖有窗戶，但窗戶偏小且被櫃體阻擋，房間也較為陰暗。

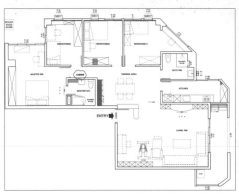

▼圖片提供―舫舍空間設計

釋放一房隔間，改玻璃拉門

由於隔間過多，光線就不易進入。因此先拆除封閉廚房，拉長空間縱深，陽台光線便能斜向進入深處。廚房牆面則增開一窗，引入側面光線。相鄰餐廳的一房則拆除改為玻璃拉門，通透材質有效區隔空間，也能不阻隔光線。同時為了增加進光量，書房的原有窗戶也順勢拉大。中央有了來自客廳和書房的光源，陰暗餐廳因而變得明亮自然。

▼圖片提供―舫舍空間設計

隔間多格局

　　為了滿足大家庭生活需求，以及獲得最高坪效，往往會將房間數量做滿，甚至會預留一間作為客房。像是以往常見的和室，就是作為彈性使用的空間，但使用時間少，容易流於儲藏之用。不僅浪費坪效，也會讓每個空間變得過於狹小，阻擋光線進入，生活變得不舒適。

▸ 圖片提供｜思謬空間設計

PROBLEM 1

隔間過多，壓縮公共區

　　30 坪隔出三房兩衛，加上封閉廚房設計，造成全室隔間多且皆為封閉型式，不僅阻隔光線，也壓縮客廳深度，形成狹小的生活尺度。而並排的隔間則形塑冗長廊道，浪費空間坪效。

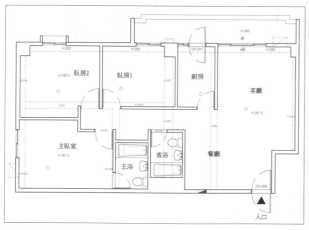

▸ 圖片提供｜明代室內設計

釋出廚房，拉門設計讓空間更有彈性

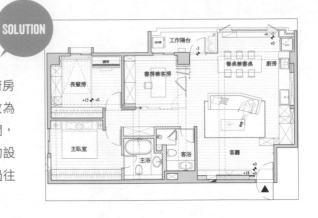

為了解決客廳狹窄問題，拆除封閉廚房挪至客廳，讓出留白空間。而其中一房改為書房，並設置萬向拉門，不用時就能打開，相對延展空間深度。公領域搭配開放式的設計，入門即能望盡，視野變開闊，抹去過往狹小印象。

SOLUTION

▼ 圖片提供―明代室內設計

PROBLEM 2

三房格局，形成窄長 L 型配置

本身雖是偏方正的屋型，但因有三房限制，客浴也置於空間中央，客廳和餐廳形成 L 型格局，空間深度相對被縮減，較為狹窄不適。且來自前陽台的光線無法進入餐廳，又因臥室和廚房隔間阻隔，光線被擋住，形成中央的陰暗地帶，空間更感覺狹小。

SOLUTION

拆一房一衛，空間更有景深

首要處理方式就是拆除一房隔間與主臥合併，同時將客廳後方的衛浴拆除與主浴整合，加大衛浴空間，也讓整體變得明亮寬敞。公共區則外推陽台，換取更多空間，客廳和餐廳也迎入更多採光。而與餐廳相連的後陽台牆面，將原有半高窗改為落地窗，擴大採光面。另外，並將臥房房門改為玻璃拉門，藉由明亮採光與通透材質，視野隨之開闊，有效放大空間。

21坪擠三房，空間小不敷使用

　　21坪的空間，雖然格局方正，卻隔出三房，其中一房還是作為和室使用，使用頻率較低。玄關、客廳和餐廳則是擠在同一區，每個空間相對被壓縮。且餐廳離廚房也遠，動線顯得冗長，一進門又能直視餐廳，玄關和餐廳無分界，顯得擁擠。

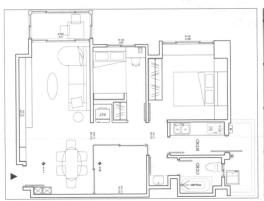

▶ 圖片提供｜舨舍空間設計

SOLUTION

拆除一房，讓出公共空間

　　由於家庭成員減少，房間需求較少，因此拆除和室，衛浴隔間縮減，讓出多餘空間給公共領域，玄關、客廳和餐廳空間就能有所區分。餐廳因而重現原有尺寸，拉長縱深，視野變得更開闊，同時有足夠空間增設中島，擴增機能。

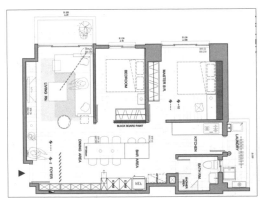

▶ 圖片提供｜舨舍空間設計

空間零碎、動線不良格局

早期的配置經常會將客廳和廚房分別置於前後陽台，格局中央設置房間，如此一來便會拉長動線。且為了讓空間放進更多房間，動線還會因此被臥室阻隔，使得公共區域被切碎或變得分佈零碎，動線無法貫串。此外，格局的配置也會受到屋型影響，像是窄長的街屋，經常會留出冗長無用的走道，形成難以利用的區域。

▶ 圖片提供｜舨舍空間設計

機能集中長型屋兩端，動線被拉長

這是一間典型的長型屋，面寬較窄且狹長，中央隔出三房後形成細長走道，且只有前後有採光，光線被房間阻隔，中央走道和房間都變得陰暗。同時走道僅有動線功能，形成無用區域。再加上客廳和廚房相對距離較遠，衛浴也都全配置在後陽台，生活活動線無形中被拉長。

▶ 圖片提供｜思謬空間設計

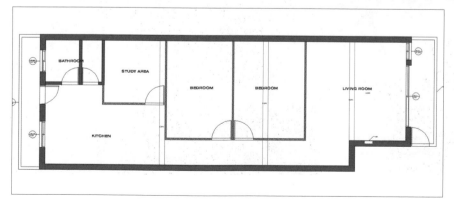

▶ 圖片提供｜思謬空間設計

臥室向後退縮，餐廚衛浴向前

為了讓空間明亮且有效利用，主臥向後移至後陽台，整合兩間衛浴，並向前挪移。不論從客廳或從房間出發，都能縮短到衛浴的距離。拆除相鄰客廳的臥房，改為開放書房，同時壓縮次臥讓出多餘空間，走道變得寬鬆有餘裕。原有走道便順勢轉換為餐廳，兼具動線和用餐機能，空間達到雙重利用效果。無隔間的設計能讓光線順勢從前陽台進入，不僅空間變得開闊，也迎入明亮光線。

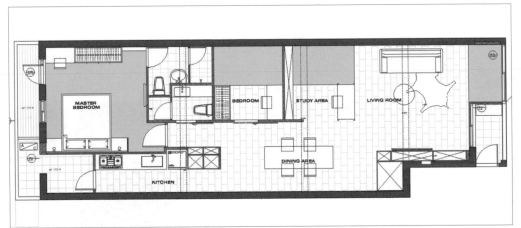

▼ 圖片提供—思謬空間設計

▶ 圖片提供｜思謬空間設計

PROBLEM 2

公共區被臥室切碎，形成葫蘆型配置

原有陽台和廚房正好分別位於空間的對角，因此順勢配置客廳和餐廳，剩下的區域就是臥室，中央顯然留出狹長走道。形成兩端寬大，中央細長的葫蘆型格局。不僅多了無用動線，走道狹窄陰暗，往返客廳和餐廚距離也相對拉長。餐廚區的形狀也被切分細碎，產生畸零空間。

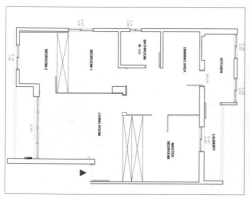

▼ 圖片提供—舨舍空間設計

SOLUTION

公私領域一分為二，簡化格局

由於這是偏窄長的長型格局，因此順應長邊將格局一分為二，區分公共和臥寢空間。整合動線，讓客廳和餐廚區位在同一軸線，不僅納入前後採光，開放的設計也讓空間變得寬廣無礙。而原有廚房與次臥對調，並刪減一房格局，寢室空間因而加大。臥室牆面皆統整在同一平面上，讓格局形狀變得完整，去除原有的畸零地帶。

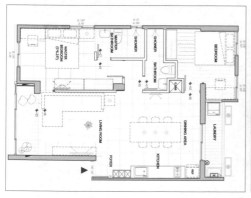

▼ 圖片提供—舨舍空間設計

Tim Benton

The Villas
of Le Corbusier
and Pierre Jeanneret
1920-1930

REVISED AND EXPANDED EDITION

POINT

5

修繕：不可不知，只有老屋才有的優勢

一般所謂的老屋，大多是指 20 年以上的建築，這些建築長時間經過日曬雨淋，難免會開始出現漏水、結構等老化問題，這些老化問題，雖不會讓建築物立即有崩塌危險，但卻會對居住者帶來生活上一定程度的不適與不便。除了對個人居家生活造成困擾外，建築外觀的明顯老化與磁磚剝落等現象，不只影響視覺美感、造成安全疑慮，同時也會影響市容。因此政府為了提昇民眾居住品質與安全，會提供相關補助，此項針對老屋的補助，其實是希望提高民眾進行改建整修意願，有效改善居住安全問題，進而達到美化市容目的。

外牆拉皮補助

老屋外牆經過十幾年風吹雨打，甚至經歷過台灣無數個大大小小的地震，再堅固的外牆都會慢慢出現裂縫，而雨水便會藉由這些隱形裂縫慢慢滲透，形成漏水問題甚至嚴重成為壁癌，鋪貼在外牆的磁磚則可能因滲水問題造成含水率過高，出現剝落現象，這些老屋常見的問題若長年不做處理，不只影響住戶居住品質，甚至可能造成工安問題，因此基於安全考量，各縣市皆有提撥經費，提高居民外牆拉皮維修意願。以新北市為例，老屋立面維修補助條件如下：

申請資格	1. 屋齡滿 15 年以上,為都市計畫區內合法建築物。
	2. 符合下列規定之一者: (1) 連續 5 棟透天 (2) 連續 2 棟公寓 (3) 相連之透天及公寓各 1 棟以上 (4) 大樓
補助額度	總經費的 50% 為上限,若位於整建維護策略性地區,補助上限可提高至 75%,補助總額不得逾 NT.1,000 萬元。
申請窗口	新北市政府都市更新處

▶ 資料來源｜新北市政府都市更新處

至於老屋最常見的違建如外推陽台及雨遮等凸出物,若沒有配合拆除,在審查過程中會根據違建的比例和數量,酌情予以減扣補助額度,最多扣至 15%,因此建議在提出申請前,可就目前老屋違建狀況自行評估,而預計購入老屋者,也可就此點評估房子未來保值性。至於最讓人在意的費用部分,因需整棟施工費用較高,因此不僅需全棟住戶同意,費用也要由所有住戶做分攤,費用分攤方式一般可分成「每坪單價」與「坪數占比」。

雖說老屋外牆拉皮過後,可提升居住品質問題與外觀質感,在地段好的區域甚至可能因此升值,但根據住戶修繕意願程度不同,協調過程往往相當冗長,其中老式公寓因為沒有管委會統籌,難度上會更高。

增設電梯補助

過去因人口沒有那麼密集,因此屋齡三、四十年的老屋,多是 4 ~ 6 層樓高,沒有電梯設備的建築,雖說居住空間不會因電梯有所減少,坪數比較實在,但對於家中有銀髮族同住,又或者有嬰幼兒的家庭來說,確實會造成上下樓梯的困難。因此針對此一便利民眾生活的措施,政府亦有提撥相關補助供民眾申請,藉此有效改善居住環境,而獲得補助改善的建築,更可能因此由公寓升級成電梯大廈,提升房屋使用價值。以下便提供雙北關於增設電梯補助條件,與補助額度相關內容,供大家參考。

	補助條件	補助額度
台北市	• 領有增設電梯相關建築許可且屋齡達 20 年以上。 • 6 層樓以下，且作為住宅使用比例達全棟二分之一之無電梯集合住宅。	• 每棟建築最高補助一座電梯，每座電梯補助金以 NT. 200 萬元為上限。 • 設置符合臺北市居住空間通用設計指南昇降設備規定或於臺北市依法公告劃定整建住宅都市更新地區之申請案，每座電梯補助金額以 NT. 300 萬元為上限。 • 每案補助額度不得超過總工程經費 50%。
新北市	• 屋齡達 15 年以上。 • 4、5 層樓集合住宅僅增設升降設備者，得以一棟為申請單位。	• 每案以核准補助項目總經費 50% 為上限，若位於策略性地區則提高至 75%。 • 每案補助總額不得逾 NT. 1,000 萬元。 • 補助計畫內存有違章建築者，得酌減補助額度，以 15% 為上限。

　　若有意願增設電梯，那麼關於老公寓的電梯要如何裝設？裝設電梯方式大致可分成電梯內裝與電梯外掛兩種，電梯內裝基本上就是裝設在建築內部，由於可能佔用住戶原有居住坪數，因此安裝意願較低。電梯外掛則是將電梯裝設在建築物外側，但裝設前提為需有足夠的法定空地，方可進行裝設電梯工程。裝設電梯除了裝設時的費用外，還有每年固定的維修費用，而這些費用皆需由住戶分攤，因此裝設時需全體住戶同意，而對於使用率低的 1、2 樓住戶，意願通常不高，導致這類補助有可能面臨 1、2 戶的反對而難以進行。

裝設電梯類型費用參考

電梯類型	3 人座	6 人座	8 人座（無障礙空間）
尺寸	• 車廂空間 90*120 CM • 最小升降路尺寸約 150*150 CM	• 車廂空間 100*120 CM • 最小升降路尺寸約 160*170 CM	• 車廂空間 150*150 CM • 最小升降路尺寸約 210*220 CM
預估總工程費（電梯安裝、施工及設計監造費用）	NT. 315～375 萬元	NT. 345～420 萬元	NT. 360～440 萬元

▶ 資料來源｜新北市都市更新處，提供金額僅供參考

耐震補強補助

台灣位處地震帶，加上近幾年大小地震頻傳，對於年久失修可能造成結構問題，又或者過去建築設計較不確實的老屋來說，安全性相對比新成屋來得低，因此為防範地震造成的房屋崩塌危險，政府亦有提供相關補助，協助民眾進行建築物耐震補強工程，此一工程會先藉由民眾提出申請後，再由政府委派專業人員進行評估。

老屋的耐震安檢補助一般由建築物所有權人，或者是大廈管理委員會提出申請，受理申請後會由相關單位，派遣專業人員進行初堪，主要是針對建築物主要構造、設備及非結構等項目視勘查，並針對初勘結果建議辦理後續初評或詳評；初評時若被判定耐震性有所疑慮時，會再進行詳評，除了針對建築物外觀進行勘查及結構設計各項指標進行評估外，並進行現場取樣分析試驗，以評定其耐震能力。最後並根據評定結果，給予適當的補助金額。

初評	詳評
建築物總樓地板面積未滿三千平方公尺者，每棟補助 NT.6,000 元整，總樓地板面積三千平方以上（含）者，每棟補助 NT.8,000 元。	每棟補助以不超過總評估費用 45% 為限，補助上限不得超過 NT.30 萬元。

其中 40 ～ 50 年老屋由於屋齡過久，將會優先處理，而不符合老屋年限，但對居家建築有疑慮者，亦可自行提出申請，基於個人生命安全，若有疑慮應盡快進行安檢，確保住的安心。

附表：新北市都市更新整建或維護補助項目表

項目	評估指標	補助項目	備註
建築外部	公共安全	防火間隔或社區道路綠美化工程。	申請騎樓整平補助項目時，至少以一完整街廓（路段）為原則。
		騎樓整平或門廊修繕工程。	
	環境美觀	無遮簷人行道植栽綠美化工程。	
		無遮簷人行道舖面工程。	
		無遮簷人行道街道家具設施。	
	其他	經委員會審議通過並經本府核定者。	
建築本體及內部	公共安全	供公眾使用之防火避難設施或消防設備。	
		供公眾使用之無障礙設施。	
		公共走道或樓梯修繕工程。	
		建築物耐震評估、補強工程。	經本府工務局初勘有辦理需要者。
	環境景觀	通往室外之通路或門廳修繕工程。	
		陽台或露台綠美化工程。	
		屋頂平台綠美化工程。	
		屋頂平台防水工程。	
		建築物立面修繕工程（含廣告招牌）。	含鐵窗及違建拆除費用。
		建築物外部門窗修繕工程。	至少以一棟建築物為原則。
	機能改善	4、5層樓之合法集合住宅建築物增設昇降設備。	
	其他	經委員會審議通過並經本府核定者。	

CHAPTER **2** 新空間 老屋

CASE

01

拆除一房，破解狹窄問題，換取開闊視野

文｜邱建文　空間設計暨圖片提供｜大名設計

BEFORE

BEFORE ➜

AFTER ➜

翻修重點

1. 屋況老舊，有壁癌、白蟻問題需要解決，同時管線和鋁窗也需更換。
2. 調整三房隔間，釋出空間，擴大使用區域，更能符合屋主需求。
3. 微調衛浴設備配置，提升洗浴的舒適感受。

·工程翻修·

本身壁癌問題嚴重，原先裝潢有大量木作，又因潮濕滋生白蟻，因此進行除蟲處理，並打除壁癌施作防水。20幾年老房鐵窗、管線不敷使用，為避免事後發生問題，全室便一併更換，同時牆面和樑柱歪斜，也重新修補或拆除。

·格局調整·

只有夫妻兩人居住，房間需求不高，但27坪卻隔出三房，每區分配到的坪數過小。因此拆除一房和室，讓給客廳使用，加大餐廳、增設中島，並為熱愛烹飪的女主人分出三區烹調領域。橫長形餐廳，左右過長產生無用空間，因此餐廳牆面改為斜向延伸內縮，不僅多了收納區域，放大主臥空間，也讓進入房間的動線少了轉折，行走更流暢。

·預算運用·

屋況本身較老舊，除了更換水電管線，牆體樑柱不平也是一大問題，再加上全室須更換磁磚，因此水電、泥作等基礎工程就佔了將近預算的一半，另外，為了滿足屋主喜愛的工業風格和收納需求，鐵件和木作工程也佔了約30%左右。

　　小時候祖父母的家充滿許多美好回憶，為了延續這份溫暖，屋主夫妻兩人決定回家重新整修老屋，迎向新生。由於屋齡已經約 20 多年，設備不堪使用，窗邊也有壁癌漏水問題，因此全部重新更換鋁窗，敲除壁癌區域，並做好嚴密防水，同時替換牆內的老舊水電管線，敲除歪斜牆面，奠定老屋穩固基礎。

　　在格局上，27 坪的空間中僅有夫妻兩人使用，隔出三房每房空間相對狹小，因此拆除和室改成兩房，讓出空間後客廳隨之挪移，拉大與餐廳距離，開放設計重現原有空間深度，視野更為廣闊。由於屋主希望能隨時享受視聽機能，中央設置旋轉電視，不論在客廳或餐廚都能使用，而不做電視牆的設計，也能維持通透感受。餐廳牆面特地向內縮移並轉成斜向延伸，縮小餐廳寬度，相對拉大主臥空間，主臥入口也更靠近公共領域，迎入採光，一改原先的幽暗印象。進到主臥，則因應餐廳斜牆做出廊道，也成為通往主浴或更衣室的分叉口。因應女主人喜愛烘焙的興趣，不僅保留原有的內廚房，餐廳增設中島，並沿窗再設置一字型廚具，每個料理區各有

● **多材質拼貼，創造入門豐富端景**

格局上前後大門正好相對，為了避免穿堂問題，特地拉出高櫃適時遮掩，同時界定出玄關領域。高櫃運用仿金屬鏽面的門片材質，創造不羈風格；懸浮櫃體則呼應屋主喜愛的丹寧藍。地面選用黑色六角磚，與櫃體平行暗示空間分界。

● **三角大理石地面，突顯空間重心**

整體空間以工業風為調性，拆除舊有天花，不僅營造 Loft 的空曠質感，也順勢還原屋高，解決低矮壓迫問題。地面選用優的鋼石鋪陳，水泥質樸原色，搭配綠色大理石，重現傳統老屋懷舊氛圍。刻意以三角形拼接設計，讓視覺往中央凝聚，有效凸顯空間重心。

專擅，烘焙、熱炒和輕食都能隨時轉換。

在風格上，納入屋主喜愛的工業風，拆除天花改以裸露管線，搭配水泥粉光更顯粗曠，也破解僅有 280 公分的低矮屋高，有效延展視覺高度。中央大樑則塗上丹寧藍，高彩度的色系在空間中搖身變成矚目焦點。而地面則以灰色優的鋼石為基底，呈現水泥質樸原色，運用義大利綠色大理石，從玄關往餐廳斜向拼接，讓視覺往中央集中，而客廳則用復古花磚凸顯重心，呼應斜牆，餐廳中島特地以黑色鐵道磚鋪陳，從櫃面、地板延伸至牆面劃出領域。

HOME DATA

屋齡	約 25 年
屋型	電梯大樓／方型空間
坪數	27 坪
成員	夫妻
建材	義大利綠色大理石、鐵件、優的鋼石、磁磚、茶玻、灰鏡

● 拆除一房，客廳隨之開闊

僅有夫妻 2 人居住，無須太多房間，再加上有攝影棚拍需求，因此將原有的三房格局改為兩房，多出的空間順勢讓給客廳，放大尺度，以便日後多元使用，地面鋪陳復古花磚，增添些許浪漫氛圍。菱形的鋪排，巧妙與餐廳斜牆平行，視覺不凌亂。

● 黑色復古方磚，打造寧靜氛圍

餐廳向來是家人凝聚的中心，刻意運用黑色鐵道磚從中島、地板到牆面全面鋪陳，在以灰色系為主調的空間中更為凸顯。暗色空間搭配暈黃燈光，創造寧靜復古用餐氛圍，同時產生後退景深，拉大空間視覺。迎光處牆面則特地掛上圓鏡，藉此反射日光照亮室內。

● 旋轉電視牆，兼具視聽和放大空間機能

客餐廳之間不做隔間，中央設置旋轉電視牆，滿足兩區視聽娛樂，又不佔空間，讓空間維持通透效果。餐廳牆面外移，作為電器櫃和冰箱的收納區域，斜向設計也順勢拉近藍色的主臥房門，讓原本位於陰暗角落的入口與公領域有更多連結，動線更為順暢。

● 烹飪分區，滿足烘焙、熱炒和輕食需求

為喜愛烘焙烹飪的女主人，保留原有的內廚房，作為大火快炒區。餐廳增設中島吧檯，配置電器櫃和電磁爐，可隨時準備輕食料理，與餐桌相連的設計，能和家人訪客有更多互動。窗邊則另設置一字型廚具，滿足烘焙需求。

● 挪移隔間，納入更衣室機能

原有的主臥空間較小，加上屋主希望能納入更衣室，因此挪移隔間拉大主臥，留出更衣空間。同時順應餐廳斜牆的設計，主浴因而向外延伸擴大，解決原有的狹窄感。更衣室入口採用通透的灰玻門片，有效延展視覺，避免入口廊道感到壓迫。

● 古典與工業的對比，創造衝突美感

主臥延續公共領域的灰色調性，牆面塗抹水泥粉光，呈現質樸自然；床頭則搭配低彩度的淡藍，凝塑寧靜無壓的臥寢空間，衣櫃門片刻意融入古典線板元素，在工業風中增添輕奢韻味，創造衝突視感。

● 洗手檯斜向設計，空間更有餘裕

客浴空間雖然方正，但原有衛浴設備卻配置在同一側，留出多餘的無用空間浪費坪效。因此重新更換配置，洗手檯轉而斜向設計，拉長使用面積，同時也多了淋浴區，完善洗浴機能。黑白幾何造型的磁磚從淋浴區延伸到地面，有效延續視覺效果，也流露摩登現代韻味。

02

自由動線，
迎接通透明亮的北歐風格宅

▼文―Cline 空間設計暨圖片提供―曾建豪建築師事務所 /PartiDesign Studio

BEFORE

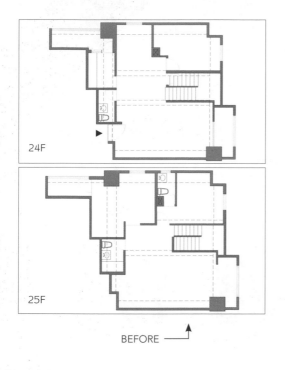

24F

25F

24F

25F

BEFORE ⬆

AFTER ⬆

翻修重點

1. 喜歡做菜的太太想要有一個機能充足的開放式廚房。

2. 老屋外牆磁磚剝落漏水，室內廚房、客廳亦有漏水與壁癌問題。

3. 夫妻倆喜歡邀請親友聚餐，需要開闊的用餐空間。

・工程翻修・

著重先改善老屋漏水問題，外牆以蜘蛛人垂降方式進行防水漆塗佈，加上室內牆面拆除重新施作防水打底步驟，而 RC 樓梯則是經由結構技師確認無礙後才進行拆除，以不破壞原有樑柱、樓板為前提，利用原開口重新施作鐵件烤漆樓梯結構。

・格局調整・

全室格局大幅調整，複合樓層的一樓主要是公共空間，客餐廳、中島廚房採全然開放的型態，並另闢獨立儲藏室創造豐富的收納機能，二樓則是全家專屬的私密場域，並將洗衣房規劃在此，配置手洗衣物洗手檯、也配有齊全的洗衣機和烘衣機。

・預算運用・

由於有漏水問題，防水、泥作修繕及木作是佔費用比例最高的工程項目，其次是油漆，另外拆除、鐵件、木地板約 NT.200,000 元左右，由於格局變動，水電管線重新配置，約 NT.150,000 元左右，廚具使用屋主指定的琺瑯廚具，不含設備約 NT.500,000 元。

　　眼前這間光線透亮、開闊敞朗的樓中樓住宅，絕對難以想像竟是間 20 年的老屋，而且原始格局屋況都隨著使用時間拉長，逐漸衍生出許多問題，包括外牆磁磚剝落，窗框、牆面的隱形裂縫導致室內開始出現漏水壁癌，著實令人感到困擾。不僅如此，樓中樓的一樓也因隔間過多、樓梯設置動線不佳，造成空間狹窄陰暗，特別是熱愛料理的太太，只能窩在小小擁擠的廚房，長期下來終於讓夫妻倆決定把老屋徹底改造一番。

　　除了率先解決室內外漏水問題，外牆重新塗覆防水漆、室內將壁癌處拆除見底，補上防水、泥作工序之外，更重要的便是針對生活習慣、嗜好，重新劃設出符合一家人的格局。於是，設計師把樓下隔間全部拆除，規劃為純粹的公共空間，原本龐大壓迫的 RC 樓梯轉向，且更換為輕巧堅固的鐵件烤漆材質，同時有別於一般電視主牆面的設計，由鐵件樓梯順勢發展出旋轉電視柱，與客廳呈水平軸線的開放空間中置入中島餐廚設計，換來的不只是寬闊無比的生活尺度、自由流動的光線，也讓家人之間產生緊密的互動連結。

● 清爽無壓的白色收納櫃

客廳背牆利用柱體深度，創造出宛如內嵌的收納櫃體，結合白色、簡約造型，俐落姿態巧妙隱藏在沙發後方，絲毫不感到壓迫，也隱藏著豐富的儲物機能。

● 草色牆色轉換創造層次與律動

全室住宅以純淨白色為主要基調，透過彩色鑄鐵鍋具、粉嫩餐椅、藍白茶几等家具家飾的繽紛色彩，帶出屬於屋主的獨有空間性格，然而設計師也特別在廳區走道牆面選用草綠色鋪陳，除了有動線轉換引導的隱喻之外，也讓立面多了層次感。

一方面，根據空間加大的中島廚區，六格大抽屜有著驚人的杯盤收放容量，外側規劃層架收納，加上餐廳牆面木製層板設計，以便展示堆疊女主人收藏的鑄鐵鍋具，在整體白淨、木質基調之下更能凸顯家的特色。推開以草綠色刷飾的隱形暗門，則是通往衛浴，以及獨立儲藏室的動線，毗鄰廚房所增設的儲藏空間，提供女主人完整收納料理所需的乾貨、各式調味用品，甚至還有為喵星人打造的跳台，讓愛貓們也能擁有私密的小空間。值得一提的是，鐵件樓梯拾級而上，因應大樑結構衍生的玻璃空橋，除了留住光線，也成為貓咪們最愛的日光浴角落，樓下臨窗面的休憩臥榻，更賦予生活一種隨性自在的氛圍，經由公私機能的改善與空間感的釋放，老屋有了乾淨舒爽的新樣貌，也開啟一家人舒適的新生活。

HOME DATA

屋齡	20年
屋型	電梯大樓／不規則型空間
坪數	50坪
成員	夫妻＋2小孩＋4貓
建材	優的鋼石、鐵件烤漆、膠合玻璃、塗料、超耐磨地板

● **實用舒適的書房閱讀區**

圍繞著餐廳的 L 型牆面，分別規劃了酒櫃以及餐櫃機能，另一側臨窗面則是與孩子們一起共用的書桌，左側小抽屜作為文具與各式文件的收納，右下方櫃體則可擺放電腦事務設備等等，打造實用舒適的書房空間。

● **超大中島再多杯盤也能收**

開放式餐廚採取 L 型廚具搭配長達 245 公分的中島廚區，靠近廚房內側的中島配有六個大抽屜，滿滿的收納空間整齊擺放著屋主心愛的杯盤瓷器，爐台底下則是各式尺寸的鍋具收納，流暢的動線讓烹飪更有效率。

● 微架高地板，在家享受日光浴

利用客廳一旁的窗邊角落，採取些微架高地板的形式，溫潤木質創造隨性坐臥的日光平台，家人可慵懶地在這邊看書、聊天，加上可調光的木百葉門片，自由選擇光線的明暗層次。

● 光線通透、共享互動的自由動線

打開擁擠侷促的層層隔間牆，換上輕巧的鐵件樓梯，公共廳區獲取加倍的空間感與明亮的光線，女主人無須孤單地窩在廚房下廚，一邊料理也能和孩子、先生談天說笑，充足的層架規劃也讓心愛的鑄鐵鍋具有了最美好的展示舞台。

● 回歸簡約的舒眠主臥

主臥床頭簡單飾以灰色刷漆，其餘以活動家具搭配為主，同時保留窗邊的小區域，搭配白色木百葉、一張舒適的單椅，就成為自在愜意的閱讀休憩角落，透過百葉的彈性調整，還能感受不同層次的光影變化，讓光化為家最自然的裝飾。

● 衛浴連結洗衣房動線更流暢

二樓私密場域的衛浴空間外側，以國外洗衣房的概念規劃而成，配有洗衣機、烘衣機，沐浴後即可將衣物放置於此，動線更為流暢便利，仿木紋的人字拼貼地磚，營造出溫潤柔和的氛圍，讓洗衣間也能很有質感。

● 超大容量儲藏室滿足多元收納

隱藏在廚房後方的空間，不僅包含了衛浴，也具備超大儲藏機能，讓熱愛料理的女主人能整齊收納各式廚房道具、調味醬料、打掃家電等等，除此之外，推開鐵網門片則是貓咪們專屬的房間，趣味的貓跳台設計可讓愛貓盡情跳躍玩耍。

● 玻璃空橋打造日光閱讀角落

轉向後的鐵件樓梯與結構大樑之間產生的微妙空間，做好上下接點的結構補強，以及透過電視柱的支撐之下，兩側鋪設強化玻璃固定於橫樑上，形成有趣的玻璃空橋，巧妙發展出閱讀角落，不論孩子或貓咪都能在此玩樂。

03

讓工業 × 鄉村迸發生活新鮮味

重整空間骨架

▼ 文—黃珮瑜 ◎ 空間設計暨圖片提供—KC design studio 均漢設計

BEFORE

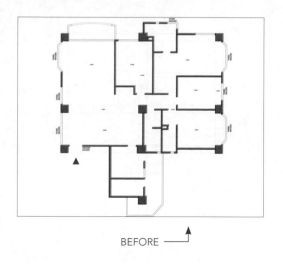

BEFORE

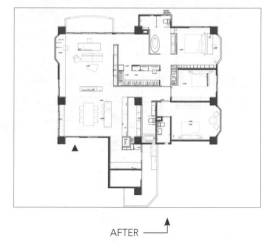

AFTER

翻修重點

1. 拆玄關及廚房入口牆並增設儲藏間，使採光得以串聯，動線俐落。
2. 拆房間牆爭取主臥更衣間面積，並透過雙動線增加行進效率。
3. 退縮部分客房牆面並增加轉折，延展、挪移主衛牆面拉齊主臥動線。

・工程翻修・

全室管線更換，並與樓上住戶協商，請對方處理自家管線滲漏，藉此解決屋主家衛浴間漏水問題。為了達成屋主期待中的空間風格，拆除原始磁磚地板，改以不容易有收縮開裂與起砂問題的磐多魔。不做天花封板，而是利用三色鐵網提供照明與造型兩大功能，也藉此隱藏部分管線。

・格局調整・

拆除玄關隔牆，促進公共區採光與視野串聯，並將沙發及電視櫃轉向，使客廳景深拉長且與餐廚交流更密切，另外撤除廚房入口牆並新增一道立面；藉由儲藏間包藏兩根大柱擴增收納，同時讓輕食區廚具有所依憑，也令餐廚動線更順暢。客廳拆臥房隔間改為雙動線的空心磚書牆，藉此爭取主臥更衣間面積、提升動線效率；並藉由退縮70公分客房牆面並增加轉折，擴充主臥入口衣櫃，最後並挪移主衛牆面，延展牆面縱深，使臥房內部動線得以齊整。

・預算運用・

考量屋齡老舊，因此基礎工程預算約佔總金額60%的比例；調整部分包含水、電管路更新，實牆拆除、重砌及清運，防水強化處理等。裝修工程佔工程款約40%的比例，施作內容，包括牆面塗刷材料及工資、全室木作、磐多魔、花磚及海島型木地板鋪設，玻璃拉門、鏡牆等，不含家具。

　　原本是四房格局的 60 坪老屋，面積雖大卻有許多走道空間被浪費。此外，隔牆多也造成動線曲折，無法顯露出採光和坪數的優勢，加上新婚的屋主夫妻，一個喜愛工業風；另一個卻鍾情於鄉村風，舊有的裝潢風格完全不符兩人的 style，因此希望透過翻修打開對未來生活的新展望。原公共格局雖然意圖透過牆面、天花營造出各區獨立個性，卻也因此阻斷採光交流和視野開闊；透過拆除玄關隔牆和造型天花還原樣貌，少了多餘線條的干擾，空間自然變得清爽。

　　設計師希望透過動線的精簡讓空間更緊實，所以先撤除廚房入口牆並新增一道立面；此舉不僅有助截斷餐廳區原本冗長的動線，也順勢利用儲藏室將兩根大柱藏起來，更提供了輕食區廚具置放歸屬。此外，拆牆也讓熱炒跟輕食區動線能夠相互銜接，促成餐、廚機能更完美的整合。

　　將與客廳相鄰的臥房隔間拆除，改成一道雙動線的空心磚書牆；半開放式的書牆設於樑下，並與主臥更衣間的入口拉齊消弭壓迫感，而藉由拆牆不僅爭取到更衣空間，同時也創造了端景

● 藉三色網板與地材差異強化區域歸屬

公共區順應大樑結構將客廳與餐廚左右分立，並藉磐多魔與花磚地板，以及粉紅、粉藍的網狀天花強化視覺歸屬。直通客房入口的走道區，則以白色鐵網斜向設置，除了遮蔽管線外，也回應左右兩側網板的起伏、達到連貫視覺目的。

● 半開放書櫃創造端景、改善動線

為串聯採光面與增加動線效率，把客廳旁的房間隔牆拆除改成開放式書櫃，並將沙發轉向面朝餐廳；如此一來，主臥內部空間得以拓展，並透過雙動線提升了行進效率。公共區景深得以延長，還能和餐廳共用旋轉電視櫃。客廳更因滑軌拉門的調度，能夠隨時變換表情。

焦點。客廳沿窗設置檯面與櫃體，讓採光可以相互串連，搭配裝修建材與三色天花網板的鋪陳，整個公共區的視覺美感與動線效率皆大幅揚升。主臥除增加更衣室空間外，還退縮了 70 公分的客房牆面並增加轉折，讓主臥入口多出一座衣櫃，此一手法恰與更衣間外牆形成連動，使公領域進入私領域的動線變得筆直。另外，將主衛牆面斷開往中央靠攏對齊床尾，並延展另一側牆面縱深，使衛浴坪數加大、臥房內部動線更通順。

　　成家的意義不在抹滅自我，而是透過 1+1 激盪出更多的可能性。空間亦是如此。把握原本的優點，透過合宜的格局整頓，再搭配風格細節碰撞火花，自然就能散發魅力，涵納更多的生活可能！

HOME DATA

屋齡	20 年
屋型	電梯大樓／不規則型空間
坪數	60 坪
成員	夫妻
建材	空心磚、黑鐵烤漆、花磚、磐多魔、燒杉木、海島型木地板

● 延展線條增大器、保留採光優勢

公共區採光條件極佳,為了不辜負這樣的條件,沿牆
設置長條檯面與抽屜滿足工作、閱讀及展示需求。檯
面上方以鐵件燈槽補強照明,下方則根據無印良品收
納盒大小,規劃 22 公分高收納櫃。延展線條尺度手
法,更能回應大坪數氣勢、增加俐落感。

● 玻璃隔間滿足實用性與光、景串聯

客用衛浴沒有更動位置,但將原本中段小隔牆拆除改以玻璃隔間取代,
確保光線與通透。小方塊圖案呈 3D 視效讓空間動起來;但因僅在底部
綴飾,畫面不會過於凌亂。長型水槽的規劃也讓空間減少零碎,增加了
動線順暢與大器感。

● **藉牆面拆與增，統整機能、精簡動線**

拆除玄關隔牆後，也一併撤掉廚房入口牆；透過新增一道立面的手法，利用儲藏室將結構柱藏起來，並藉由廚具、中島與餐桌的段落感截斷原本冗長的動線。此舉也讓熱炒跟輕食區動線能相互銜接，促成餐、廚機能更完美的整合。

● **玻璃拉門阻油煙、回應設計語彙**

廚房內部延用磐多魔串聯空間感，並藉由兩道長型燈槽延展視覺。熱炒區呈L型動線，油煙本就不易向外蔓延，但還是利用與客廳相同的長虹玻璃拉門做二次防護；玻璃材降低了封閉感，也讓物品易於查找，更順勢回應了設計語彙。

● 用鏡面映照轉移焦點虛化大樑

主臥內設置鋼管及金屬架，方便女主人運動健身，鋪貼鏡牆來放大空間，讓整理儀容跟調整運動姿勢更方便。此外，主衛隔牆上的蜂巢磚會透過鏡面映照，呈現類似對稱的拱門視效，讓大樑成為造型的一部分，透過轉移焦點而降低了量體感。

● 長型動線用顏色與鏡面化解冗贅

主臥原動線較曲折，拆除跟退縮相鄰房間的隔牆後，不但增加了收納空間，也使主衛面積得以延展。從床舖到客廳的倒 L 動線，動距離長，但因黃色格櫃與鏡牆的切分，以及天花高度落差，不但毫無冗贅，反而多了躍動的節奏感。

● 調整主衛牆面滿足複合需求

主衛牆面原本偏於右側且呈封閉狀，透過斷開手法將牆面拉高及頂並往走道靠攏，同時還延展另一側牆面縱深；此舉可同時滿足床尾對齊基準、衛浴坪數加大、整齊臥房動線三大需求。透過玻璃格櫃亦可延展景深、減少床尾牆壓迫感。

● 長型衛浴以鏡面擴增明亮、凸顯氣勢

主衛內部利用蜂巢狀的磁磚創造活潑，不規則的牆面拼貼，更強化空間律動感。以玻璃隔間確保採光不會受阻，同時也與玻璃櫃共構串聯，放大空間開闊。深色的長型水槽增加了穩重感，搭佐明鏡，讓空間能因反射效果更加擴張。

內建沐光陽台，完美植出老宅新生命

▼ 文— Fran Cheng　空間設計暨圖片提供—沐光植境設計公司

BEFORE

BEFORE ⤴

AFTER ⤴

翻修重點	1. 捨棄舊管路將水路及電線迴路全部重新拉線設計。
	2. 依照新主人需求全部重置格局。
	3. 小廚房改造擴大為中、西式雙廚房格局。

・工程翻修・

這棟超過 31 年的老房子，整體結構還算堅固，但水路過於老舊，必須全部換新，且要從屋外接管重新配設水路。另外，用電的需求與迴線規劃與原始房屋設計的需求不符合，為安全起見也需重新配置。在硬體結構部分，原有地板作刨除改以木地板，鋁窗部分也因過於老舊，有幾扇窗戶因風雨耐受度不佳，在此次翻修一併改建。最後，老屋常見隔間牆不平直狀況，在這個案例也有，設計師配合格局設計稍作調整，讓空間看起來更顯方正舒適。

・格局調整・

大門玄關因建築內縮無法受光，加上原本客廳位於邊陲且窗型較小，餐廳區也沒有面臨採光面，因多間房間形成重重隔間牆擋住室內採光，導致公共區顯得昏暗、沒有朝氣。將全室打通，把迎光面的二間房間改成客廳與開放式書房，次臥移到原客廳處。餐廳雖維持原位置，但因開放客廳沒有隔間牆，讓中島餐廚區變明亮，同時也因公共區均採合併規劃顯得更開闊舒敞。

・預算運用・

格局大幅調整，拆除、保護工程與清潔的費用比例稍高，不過預算最大占比還是落在基礎建設工程，包括泥作、木地板及水電等項目，通常這部分約佔總預算 4 成左右，但因為此案例格局全盤變更，格局重建的費用也比較高，約近 6 成左右。至於設備部分則略低於 4 成左右。

● 開放格局讓餐廚區共享光源與綠意

透過格局的重整，拆掉阻隔視線的原房間隔間牆，把開放客廳的採
光一併分享給餐廳及中島廚房；配搭灰藍色電視牆與水泥粉光牆柱
的色彩調和，讓光線顯得更為清新柔和。另一方面，神來一筆的玻
璃屋陽台景致，則讓居家生活變得既優雅又充滿生命感。

在台北市居住大不易，加上周邊社區若有優質環境更是一屋難求，屋主夫妻倆退而從中古
老屋著手找屋，並請託好友沐光植境設計師湯程雯，從購屋時便一起陪同看屋，尋找適合居所。

當初在購置這棟超過 30 年的老公寓前，設計師也特別提醒需查看公共梯間及外牆等公設的
建築現況，避免室內因可能已裝修過而有難以察覺的問題。28 坪的室內空間原規畫有並排的三
房、二廳及雙衛浴，繁複的隔間牆與過小空間給人不太明快的第一印象。設計師考量屋主目前
僅二人居住，且希望有寬敞空間；另一方面，房間採光都不錯，但是玄關、餐廳與客廳的光線
則較昏暗，這與喜歡植物的女主人所期待能有花草的綠意空間完全不符。因此，設計師建議直
接放棄既有的格局而打通大部分隔間牆，並且將原本位於玄關左側的客廳移往採光最好的房間
區，利用打通的二間臥室規劃為客廳與開放書房，同時再結合側邊的餐廚空間，形成開放、寬
敞的公領域，這樣的變更徹底化解客廳與餐廳採光問題。特別的是，設計師在客廳旁為女主人
打造一座室內陽台，藉由室內外雙層玻璃的穿透感設計，以及室內與陽台地板的連結，讓陽光、

● 拆除二間房，換來明亮客廳與書房

老屋透過格局大風吹，將客廳移至原本二間房間的位置，同時利用前屋主就已經外推的陽台，藉由連續的女兒牆引入雙倍自然光，而客廳後方規劃有開放式書房，簡約造型的大書桌，搭配超大容量的複合式展示書櫃。

● 原客廳改為通透白淨的多功能次臥室

將原本大門左側的客廳與房間位置對調，由於目前僅夫妻二人居住，因此原客廳改作為多功能的次臥，並且以折疊玻璃門設計取代一般封閉式房門，搭配木質牆面設計更顯溫婉、通透，而房內二段式白色牆櫃搭配木地板，在機能與美學上都讓人驚豔。

綠意可以直接引入室內，同時採光也不會受遮擋。

　　除了格局改造，女主人一開始就提出想要大廚房的需求，為此，設計師將餐桌與中島作 L 型聯結，再搭配靠牆的工作檯面形成開放的西式餐廚空間，而原本獨立的小廚房則作為熱炒廚房，中間搭配玻璃拉門作油煙區隔；其它因有雙水槽與工作檯面的延伸等設計讓廚房更好用，也滿足夫妻倆用餐、料理與生活的各種需求。主臥室格局變動較小，除了將主臥與書房之間改以衣櫥與置物書櫃取代隔間實牆，增加收納機能外，最大變動在於配合主臥浴室洗手檯的擴建而將房門向左移動，雖只是簡單變動卻巧妙多出房門右側的櫥櫃空間，同時也讓衛浴空間變得大又舒適，提升居住生活品質，一改老公寓委屈感。

HOME DATA

屋齡	屋型	坪數	成員	建材
31年	老式公寓／不規則型空間	28坪	夫妻	水泥粉光牆面、仿水泥塗料、超耐磨地板、木皮

● 條鏡銜接，讓主牆更具層次變化

客廳電視牆面選擇以優雅、內斂的灰藍色調搭襯水泥粉光牆柱，並在中間運用鏡面設計手法作銜接與過渡，不僅使主牆面更顯出變化與設計感，消弭了柱體的量體感受，同時可以讓空間視覺得以獲得延伸，而空間也更具層次感。

● 內建室內陽台，緊密結合自然

原想將前任屋主外推作為室內空間的區域直接恢復為陽台，但未找到排水孔，因此，只能放棄室外陽台的做法。但也因此讓設計師思考將陽台以二層玻璃牆的保護設計成室內陽台，不僅保有陽台綠意，由室內延伸向外的木地板更讓室內外空間緊緊串聯。

● 霧金吊燈與藍灰牆面營造療癒睡眠環境

主臥室延續了公領域低調冷靜色彩計畫，大片灰藍牆面映襯著床鋪上深、淺灰調與自然棉麻的素雅質感，為生活帶來紓壓、療癒氛圍。至於照明部分因室內屋高稍低而捨棄吸頂燈，改採圓潤的 BoConcept BALL 霧金吊燈作為床邊主燈，同時在另一側則以嵌燈補光，多層次光源也營造出柔和空間感。

● 熱炒中廚避油煙，中島西廚互動更親暱

為滿足女主人對大廚房的要求，將餐廳區格局重新配置，並建構開放式中島廚房。首先考量油煙外溢問題，決定保留餐桌左側原有的小廚房，並運用玻璃拉門將小廚房隔開作為熱炒區；接著將開放區的餐桌與中島吧檯結合，同時在中島後方牆面也配有輕食工作檯面與電器牆，構成動線順暢的西式餐飲空間，也成為家人生活的重心區。

● 利用浴室變更設計，順勢增加櫥櫃機能

與屋主溝通後決定加大主臥衛浴空間格局，把浴室牆面向左稍作外移，並且將臥室房門左移後改為推門設計；如此浴室內多了洗手台的寬度，而洗手台後方與主臥房門之間的空間則可增加一座櫥櫃收納區。另外，在主臥房外突出的牆面漆上灰藍牆色，既可與電視牆呼應，在畫面上也有跳色色彩的加分效果。

● 水泥粉光牆與灰色花磚營造個性美感

主臥衛浴區使用鋁框玻璃門來杜絕濕氣，並且選擇以深色玻璃與鐵件設計門片，讓視覺不至於過於封閉，但因略帶反射效果也不覺得通透。浴室內採用乾溼分離設計，整體牆面搭配有水泥粉光，以及牆面及地面上局部的灰色花磚，讓空間呈現出活潑視覺，又不失個性美感。

● **大鏡面櫃門方便穿衣梳妝，提供完整機能**

主臥室與衛浴空間的牆面採用水泥粉光牆，讓公領域的設計元素重複
上演在私空間之中，強化屋主喜歡的生活風格。另外，在衛浴空間與
房門之間也藏有玄機，設計師除了利用空間作收納規劃，並以大鏡面
的門板包覆櫥櫃，屋主可藉此梳妝更衣打扮，讓臥室機能更提升。

05

環狀動線消弭距離，簡約幾何大秀藝術內涵

▼文─Fran Cheng　空間設計暨圖片提供─Studio In2 深活生活設計

BEFORE

BEFORE

AFTER

翻修重點

1. 原地板高低差與傾斜整平工程，並於新舊牆面銜接處做植筋強化工程。
2. 依未來需求評估重置總體用電配設，汰換老舊水路、鋁窗等。
3. 改以活動性隔間取代實牆，創造環狀動線與開放感空間。

・工程翻修・

將原本架高木地板拆除，發現現況的地板、牆面均有傾斜現象，加上室內所有硬體及軟體設備均已過於老舊不敷使用，因此，首先針對原有地板做全室地板整平工程，同時在新舊牆面銜接處做植筋工法的結構補強；其它如全室鋁窗均重新安裝以避免漏水及風切聲音干擾，達到生活品質的提升。現代家庭電器多，須重新計算電流容量與設計迴路，因此水電管線全部更換新重新配置。

・格局調整・

將書房與主臥室合併，再透過沙發背牆後方衣櫃的橫拉門做分割，將臥室、浴室、走道的開放衣櫃和閱讀區整合為一完整套房，而客廳與臥房之間也因此營造出環形而非單一線性的動線。緊鄰著客廳的次臥室改用折門取代實牆，打造開闊的視覺感，平時可打開讓客餐廳格局更顯寬放，關上後也可作為客房或未來小孩房，讓格局更具彈性機能。

・預算運用・

雖然前屋主已有裝修過，屋況看起來還算不錯，但是拆開之前的裝修時仍有地面不平整與牆面傾斜需要矯正的問題，加上水電管路都已達年限，需要重新設計配置，還有鋁窗須換新等等，估算起來基礎工程約達總工程40%，這些費用佔比最大為是泥作、木作以及水電。至於其它如電器設備與家具、燈飾部分也是較大宗的費用。

　　雖然是老屋設計，但對於即將入住的新屋主及接手設計的團隊這就像是新的空間，因此，Studio In2 深活生活設計除了將老舊屋況補強修復外，另一個工作重點便是因應新主人的需求重新給予空間新生命。

　　由於屋主目前雖僅二人居住，格局需求較單純，但未來有生育計劃，規劃時需預留小孩房空間；另外，還需要一間書房工作室以及足量收納機能。設計團隊比對既有的格局，大致雖然符合新屋主需求，但是現況因隔間牆多且顯得封閉，因此先將主臥室與書房相鄰的牆面打通，再利用沙發背牆結合臥室衣櫃，讓電視牆左右及前後均可通行，創造出環狀動線之外，書房與主臥室的雙邊視野也因穿透而放大。另外，把客廳旁邊次臥房的門牆拆除，改以可靈活移動的活動折疊門，這樣一來，平日二人居住時可將次臥門牆打開納入公領域，增加客、餐廳的視覺開闊度；遇有客人來訪或未來有小孩時則可將折門關上，成為可獨立使用的房間，讓有限的空間獲得最大的利用。餐廚區沿用原本的開放小巧格局，但也因為次臥緊鄰客廳牆面已拆除，而

● 打通採光書房,讓主臥室放大格局

客廳沙發牆左後的房間維持原書房機能,但是因為將書房與主臥室的隔間牆打開,瞬間擴大了主臥室與書房的領域,也讓進入主臥的動線更為多元方便,形成互動性更完整的環狀動線。在書房與客廳之間採用同款木地板,讓空間畫面無間斷地延伸,有助於放大空間感。

● 異材質拼接取代地板高低差

原本室內以架高地板與玄關作高低差設計,改造後將全室地面整平,並在玄關以磨石子搭接客廳木地板來創造裡外之分,同時無高低差的地板設計則呈現空間延伸感。此外,客廳內大量水泥粉光材質,搭配白色電視牆、黑色低檯度置物平台以及白色家具營造極簡、冷冽質感。

讓原本略顯封閉的餐廳與廚房視野打開,用餐空間也顯得寬敞、舒適許多。

除了格局變得更具開放、靈活外,風格的營造也是本案例設計的重點之一。擅長在功能需求與美感之間找平衡點的 Studio In2 深活生活設計認為,空間設計的本質在於格局安排與機能滿足,因此不希望落入為裝飾而裝飾的設計,而是奉行「型隨機能」的原則將風格融入硬體設計中。設計師先以現代極簡風格在全室一以貫之,主要藉由建材原色做鋪陳,水泥粉光牆面搭配整平無高低差木紋地板,再配合黑、灰、白色家具與色塊做陳設變化,最後運用黃色柱線與藍色軟件做跳色,使簡單的空間畫面中適度地注入藝術性。

HOME DATA

屋齡	屋型	坪數	成員	建材
41年	老式公寓／方型空間	22.5坪	夫妻	磨石子、水泥粉光、大理石、超耐磨木地板、烤漆

● 拆除隔間牆讓餐廚區不再侷促壓迫

餐廳與廚房雖然沿用原本格局，但因為次臥的門牆拆除改用活動折疊門作隔間，因此，餐桌旁原本侷促動線的壓迫感消失了，廚房也因此變得更為明亮而開闊，同時黃色烤漆立柱的跳色設計也讓餐廚區增加活力感。另外，在廚房裡除了將設備換新外，還增加一座電器櫃，讓使用機能更豐富多元。

● 黃色烤漆立柱讓空間有如抽象畫般亮眼

先將緊鄰客廳的次臥隔間牆拆除，改以折門作為活動隔間，使客廳與次臥在平日可合併形成寬敞場域，若遇客人來訪或日後需要小孩房時只要關上折門就是獨立房間。色彩規劃上以暖白、水泥色貫穿全室，而暖灰木地板與次臥黑色木地板則可為空間增溫。

● 書桌轉向後採光與收納機能均有所提升

書房雖然沿用原來的位置，但將原本書桌區作 90 度轉向，不只採光更好，而且可利用窗台延伸設計作為桌面，並借用其下方深度來規劃出充足的收納櫃，相當實用。另一方面，書桌右側與玄關相鄰的隔間牆也改以牆櫃設計，既能區隔出完整書房格局，也增加收納設計。

● 立體設計讓藝術畫作躍上三度空間中

玄關低檯度的大開窗讓室內也可大啖自然光影，而水泥粉光材質的牆面則讓光線在客廳形成漫射的柔化效果，更增添空間的生命力。整個客廳運用現代幾何藝術畫作為設計基底，讓公領域的視覺焦點聚集在沙發背牆上。

● 洗手台移出衛浴區，機能更自主獨立

因應主臥與書房的動線安排以及盥洗格局的
順暢度，設計師建議將洗手台移出浴室，讓
原本被綁在一起的衛浴區與洗手台得以各自
獨立使用，如此當有人在浴室洗澡、如廁時，
洗手台仍能刷牙或洗洗手，這也讓僅有一間
浴室的格局住起來更為方便自主。

● 幾何懸掛吊鏡體現空間穿透感

移出衛浴區的洗手台，非但不影響觀瞻，設計師
採用光潔的大理石檯面搭配金屬幾何造形的懸掛
吊鏡，有別於傳統壁掛的固定式鏡面，展現視覺
穿透感，更顯幾許優雅美感。洗手台走道右側為
結合衣櫃及客廳沙發牆的雙面櫃，搭配左右橫拉
門設計則串聯成進出公私領域的環狀動線。

● **矩形牆櫃分割線條成就美感與收納**

為回應屋主一開始就提出增加收納量的設計
需求，設計師除了利用沙發主牆後方擴增一
座大衣櫃，次臥則架高地板在下方空間設計
上掀式收納區，至於主臥室內有側牆與床鋪
後方的牆櫃，尤其床頭主牆以白色櫃門搭配
結合式把手，讓不規則矩型切割的牆櫃形成
現代畫作般的動感主牆設計。

● **黑色立體色塊虛擬出夜空美感**

主臥因遇到樑柱而有屋高不足的問題，為了避免包樑而讓天花板產生壓迫感，設計師延續了全室現代
抽象畫的設計概念，先是利用色彩學後退色的設計，將天花板漆以黑色方塊體，搭配週邊白框，讓黑
天花板有如延伸的無垠夜空般的錯覺美感，消除了壓迫感。

06

老屋格局大翻轉，用美味料理凝聚情感

文—Cline 空間設計暨圖片提供—它設計

BEFORE

BEFORE ——→

AFTER ——→

翻修重點

1. 重新改造餐廚空間，符合主廚屋主的料理需求。
2. 想要空間寬敞一點，但又希望有客房設計。
3. 餐廚用品和生活雜物都要能收得俐落乾淨。

·工程翻修·

全室水電管線重新更換，並針對蒸烤爐等設備提高配電量，除了廚具、衛浴設備的更新改善外，由於空間坪數較小，架高茶室、穿透的斜面展示櫃體皆是採木工訂製，為小宅創造出許多實用的收納機能。

·格局調整·

著重改善公共廳區的開闊性、互動性，中島餐廚與客廳和架高茶室為一寬敞無阻隔的視野延伸，雖然少了一房，但透過整合概念，滿足泡茶、客房、沙發等多元又彈性的生活機能，原有狹小兩間衛浴，則是讓主臥衛浴維持基本盥洗、如廁設備，公用衛浴些微放大，以舒適的乾濕分離為規劃。

·預算運用·

老屋翻修主要費用在於拆除、水電工程，原始地磚選擇以無縫水泥地坪直接覆蓋，省去拆除工序，架高茶室的榻榻米改以人造纖維材質打造而成，比起藺草材質更為平價，同時也較好保養維護。而看似天然石材的廚房壁面，實則為仿大理石美耐板，兼具風格與預算之餘，對於油汙也更好清潔，也沒有大理石材吃色的問題。

● 模糊室內外界線引自然入室

電視主牆延續斜面線條做出造型，讓人們視角透過延伸引導，拉大整體空間尺度，清水模塗料檯面一路向外發展，試圖讓擁有自然景致的居家能打破室內外界限，同時也運用植生牆規劃作為呼應。

這間屋齡超過 30 年的老房子，受限於坪數僅有 22 坪左右，原本又劃分為三房格局，造成動線狹窄窘迫、室內光線也明顯不足。如今因為屋主姊姊結婚搬離家中，加上身為義法料理廚師的關係，渴望能擁有一個能凝聚向心力的中島餐廚，也希望偶爾姊姊全家回來時能有休憩的空間，促使屋主起心動念想要重新改造老屋。

從屋主對於廚房場域的主要訴求為出發，老屋格局做了大幅度的調整，拆除客廳旁的臥房，並且取消原有廚房隔間，重新以一座連結餐桌的中島廚區作為家的軸心，並且特別將爐台設於中島，而非倚牆規劃，好讓屋主一邊下廚還能與家人、好友們互動聊天，不僅如此，冰箱、電器、水槽、調味瓶罐收納等規劃也是根據屋主習慣的料理動線做設計，使用上更游刃有餘。

有趣的是，相較於一般沙發家具的配置，考量家人偶爾有留宿的彈性需求，且屋主爸爸也喜歡在家泡茶品茗，於是設計師以架高臥榻的手法整合沙發、休憩茶室功能，當沙發靠墊往下

● 無彩度灰色完美融合各種材質

公共廳區選用無縫水泥地坪鋪設，不用將原本地磚拆除打底，即可做直接性覆蓋，無接縫的平整性易於保養維護。空間整體以中性灰色基調貫穿，不論是結合木質茶室，或是仿石材為背景牆的中島餐廚，都能十分協調。

● 穿透櫃體創造延伸視感

玄關入口以通透的鏤空櫃體，與餐廚做出區隔，讓人一進門隱約能看見後方動態，避免空間過於壓迫，對於玄關來說，也增加了實用的收納櫃與穿鞋椅的功能使用。

平放就是一個寬敞舒適的大通舖，可同時滿足 5 ～ 6 人使用。

　　看似 22 坪的小坪數空間，收納設計可是絲毫不馬虎，除了巧妙隱藏在窗邊平台，採取上掀式收納櫃形式，臥榻踏階落差處也盡是豐富的抽屜儲物機能，包括沙發側邊更是展示與收納兼具的內凹式平檯。不僅如此，空間當中更以幾何、斜面線條貫穿，像是餐桌的不規則線條設計，用意在於拉闊走道尺度，劃分餐廚與玄關的鏤空展示櫃、架高臥榻也同樣採取斜面造型，加上客廳清水模檯面刻意地往陽台延伸，藉由延展視覺比例的手法，小宅也能有放大寬闊的空間感受。

HOME DATA

屋齡	屋型	坪數	成員	建材	耐板
30年	電梯大樓／不規則型空間	22坪	屋主＋長輩	清水模塗料、仿大理石美	人造石、人造纖維

● 架高設計整合沙發、茶室與客房

在坪數有限的情況下，又要滿足屋主姊姊一家偶爾留宿的需求，於是設計師利用架高的木地板框架整合沙發與茶室，透過軟墊的翻轉攤平之後，就是一個可容納 5～6 人的大通舖，而平常也是爸爸最喜愛的泡茶休憩區。

● 隱藏豐富收納的架高臥榻區

空間看似沒有規劃太多櫃子，但卻隱藏豐富收納機能，巧思就在架高臥榻區內，除了側邊開放幾何造型櫃可擺放遙控器、書籍雜誌外，架高部分的階梯落差高度也有三個抽屜可使用，窗邊的木頭平檯下方，則是採上掀式的廚物櫃。

● 玻璃塗鴉牆、門片創造簡約明亮氛圍

針對屋主身為義法料理的主廚身份，中島廚房一旁特別規劃烤漆玻璃牆面，讓屋主書寫料理菜單或食譜，為賦予材料的一致與和諧，客浴同樣選用玻璃門片，訂製的人造石餐桌，輕盈俐落的鐵件桌腳特意加了玻璃材質，是為了避免小孩玩樂時碰撞而設計。

● 開放寬闊廳區帶來美好生活互動

拆除廚房隔間之後，設計師利用中島廚區結合餐桌的規劃，化解小坪數空間感侷限，也藉由格局的開放與串聯，滿足屋主在家料理，與家人朋友同樂的需求。不規則的幾何線條餐桌，主要用意在於釋放左右兩側的最大舒適尺度。

07

回歸明亮，收納機能滿載的四代同堂居所

▼ 文—Cine　空間設計暨圖片提供—構設計

BEFORE

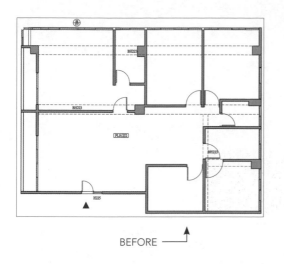

BEFORE —— ▲

AFTER —— ▲

翻修重點

1. 家中物品較多，希望能擁有充足的收納設計。

2. 假日是一家四代齊聚的時光，需要能有留宿與孩子遊戲的空間。

3. 改善過往陰暗擁擠的格局配置，換取寬闊明亮的空間感受。

·工程翻修·

解決兩間衛浴和窗戶的漏水，除了拆除重新施作防水，也針對奶奶專屬的衛浴規劃無障礙設計，鋁窗部分則是全面換新，並選用白色窗框，呈現更為透亮的視覺效果。此外，將廚房擴大為 L 型廚具，牆面覆以烤漆玻璃材質，清爽也易於清潔。

·格局調整·

保留三房配置，減少隔間、運用雙走道的動線概念，為家引入充沛舒適的光線，也打開空間的寬廣性，開放式書房、客房則利用架高地板設計，讓空間具備多樣化的使用，創造超乎想像的收納儲物機能。

·預算運用·

老屋因需要極高的收納量，甚至充分利用餐廚區域高度，增加儲物空間，因此裝修費用以木作工程佔最高的比例，大約是 27% 左右，局部於客房、臥房搭配系統櫃體，其次是基礎的水電、泥作、鋁窗三大工程，管線重拉、新砌牆面與防水都免不了泥作，各自佔總預算的 11% 左右。

● 電視櫃作出自由流暢雙動線

老屋一進門就是客廳，利用一座雙面櫃體劃設出玄關機能，櫃體一側是鞋櫃、一側則是設備櫃，幾何線條達到透氣散熱效果，而空間也因為櫃體所產生的雙動線設計，帶來自由流動的光線、隨性自在的生活型態。

這間居住了 30 年的老房子，承載著四代同堂的美好回憶，使用成員主要是奶奶和爸媽，年輕夫妻每到假日則帶著孩子回來共享天倫之樂。在生活物品長久堆積，缺乏充足儲藏空間，加上浴室、窗戶一一浮現漏水問題，種種考量之下，讓年輕屋主興起重新改造老屋的念頭。

「原本 40 坪的老房子配置五房格局，過多的隔間不但阻擋了採光，空間也十分擁擠，然而隨著使用成員的轉換，格局勢必得全然依據現況大幅調整，」楊子瑩設計師說道。於是，一改陰暗狹窄的空間樣貌，客餐廳、廚房整理為連貫的開放式公共空間，沙發後方特意以架高木地板劃設出開放式閱讀區，同時也透過臥房入口動線的挪移，讓客廳採光面尺度變大，陽光就能毫無阻礙地灑進屋內，家人間互動也變好了。而入口一座長型電視雙面櫃界定出玄關機能，可保有大門開啟後直視廳區的私密性，兩側通透的雙動線設計，賦予自由流暢的生活動線，也能讓孩子自在地嬉戲玩樂。最令人煩惱的儲物問題，也藉由設計師妥善規劃之下迎刃而解。架高式書房的地板隱藏三個大收納箱，以「家」的造型符號詮釋木作櫃體，可展示亦有著滿滿的儲

● 流明天花營造日光天井氛圍

原有餐廳上方橫亙的大樑結構，巧妙以流明天花設計，創造出有如日光天井般的效果，而餐廳的左右兩側也隱藏兩座大型儲藏櫃，東西再多也不怕沒地方收。

● 架高地板創造超強收納

原有客廳旁的臥房稍微縮小尺度，並更改為多功能空間，運用系統櫃做出牆面收納機能，可收放衣物、棉被等，地板下方則有九個隱藏式收納，各式大型物件都能整齊地擺放，甚至還藏了一個活動桌面，而架高地板的形式，就能彈性作為孩子遊戲或是留宿使用。

物空間，餐廳兩側更是兩座大型儲藏室。除此之外，位於客廳後方的複合式客房，同樣透過地面架高設計，當年輕屋主帶著孩子回來時就是舒適的通舖，地板下的九個隱藏式收納，可放置棉被、行李箱等物件，有趣的是，還藏著活動式桌面，作為孩子畫畫、或是茶几等都十分實用。

全室空間以線條、幾何型態勾勒，純淨的白色與溫潤的深淺木皮色調作為基礎，適度地於天花管線、廚房背牆加入清爽的天空藍點綴，甚至利用餐廳上方的大樑結構，巧妙創造出日光天井效果，無需多餘浮華的裝飾設計，用最純粹的設計，傳遞家的歸屬感，讓三代同堂享受溫馨放鬆的新生活。

HOME DATA

屋齡	屋型	坪數	成員	建材
35年	公寓／不規則型空間	40坪	夫妻＋1長輩	超耐磨木地板、刷漆、烤漆玻璃

● 清爽怡人的開放餐廚

原有狹小陰暗的廚房徹底改頭換面，拆除隔間打造為開放式餐廚，同時也透過空間的重新整頓，增設中島吧檯、完善的電器櫃，提升使用坪效，通往陽台的走道地坪則是貼飾復古磚材，作出區隔與動線引導，一方面運用大樑結構，衍生更多儲藏櫃體。

● 斜面天花削弱大樑

臥房內的天花板利用斜面造型設計，化解上方大樑產生的壓迫，床頭則刷飾淡雅薄荷綠色調，配上輕柔的木皮背板，營造出溫暖柔和的睡寢氛圍。右側臨窗面採取木工訂製書桌、床邊几，左側為系統衣櫃，滿足基本的收納功能。

● 自然悠閒的淋浴空間

衛浴採自然大地色調鋪陳，地面選用板岩磚，牆面則是特殊紋理的復古磚材，結合明亮的光線，令人倍感舒壓放鬆。

● 開放式書房創造互動與收納

藉由臥房牆面的退縮，為客廳打造出開放式書房場域，木作櫃體融入「鏤空房屋」的造型符號，凝聚四代同堂對家的歸屬感，架高地面設計不僅提升儲藏容量，也兼具座椅功能。

08

年過 40 的老宅，用北歐風讓幸福繼續傳遞

文—Fran Cheng　空間設計暨圖片提供—工爾聲空間設計

BEFORE

BEFORE

AFTER

翻修重點

1. 採用明亮色彩改變暗沉老舊感、並改善採光。
2. 放寬餐廳且將廚房改為玻璃門，展現通透感。
3. 減一房，變更格局作為更衣間及多功能區。

・工程翻修・

將前陽台的鋁製拉門、氣窗全換為白色門框與清玻璃，並將陽台地板改為明亮的淺色六角地磚，讓玄關視覺更顯清新。另外，室內全部改為超耐磨木地板，營造出更親近、放鬆的居住感。進到廚房與衛浴空間，將明顯過時的牆面與地面磁磚全面更新，廚房則運用白色廚具配搭大量收納櫥櫃，讓機能大幅提升，加上通透的玻璃拉門，可以讓餐廳的光線更好、視覺也更延伸。

・格局調整・

將客廳旁的次臥門片移位，藉此讓客廳、餐廳更為集中，並合併規劃為開放格局。接著讓原本並排而立的三房減少中間一房，改作為開放多功能區與主臥室更衣間，而多功能區除有助於讓餐、客廳的格局變寬鬆，因多功能區的天花板與壁板換為黑色烤漆，也可讓公共區更具有層次感。另一方面，書房後

方空間改成主臥室內獨立的更衣間，滿足大型物品與女主人收納需求。還有廚房也改以玻璃拉門設計，增加通透感與景深，避免空間封閉與陰暗感受。

・預算運用・

占整體預算最大宗的花費還是裝修工程與基礎工程。其中最大一筆就是木作、油漆、系統櫃與木地板等裝修工程，費用約近四成；其次是基礎工程，如水電、泥作、隔間工程、瓷磚與鋁窗等硬體部分，大約花掉預算三成左右。空調與軟件裝飾性如燈具、窗簾、五金、鐵件、玻璃、石材等用掉預算一成多。另外，40年的老屋原先設施與基礎建設都需先行作破壞，因此，拆除費用與施工前後的清潔這部分費用也要佔去約一成。最後，設計公司這邊的工程監管費用，則循一般慣例為總工程費用的一成。

　　由於房子已有 40 年，無論是建材或設備都顯得老舊，而且室內暗沉的裝潢色調，加上長屋屋型僅前後有採光的格局限制，讓空間給人缺乏朝氣的沉悶感。另外，因家庭成員變單純，已不需要三房格局，反倒有餐廚空間過小，收納空間不足等問題，屋主都希望能趁此次裝修一起改善。由於屋主已習慣屋內的生活動線，加上預算考量，所以決定將廚房、衛浴空間保留在原有位置，以減少管路的變動。公共區將客廳及餐廳作開放規劃，配合拆掉一個房間，挪出部分空間規劃開放的多功能書房，並以黑色烤漆的天花板與牆面讓此區自成一格，由於書房與室內淺色基調不同，且位於主臥室的進出動線上，讓出入時有如穿梭時光隧道般，可變化出不同空間趣味。另一方面，書房的開放設計等於放寬了餐廳格局，使餐桌可左移，進而讓廚房內的檯面可向餐廳作延伸，如此餐廳也可增加泡咖啡的吧檯與餐櫃等實用機能。而原本分割廚房的門牆則改以黑框玻璃拉門作區隔，通透感的玻璃門使視覺可向廚房伸展，營造出更有層次感的景深效果。

● 玄關採具層次感收納與淺白色調設計

原紅磚地板與深色牆面磁磚不僅透露屋齡，未經規劃的凌亂環境也讓屋主難以利用。改造後改以明亮的六角花磚、白色鋁門框以及懸空的白色鞋櫃組合，不僅視覺上更清爽、有層次感，收納設計也更有效率，更重要是透光的清玻璃與白鋁門為室內帶進更多自然光源與明亮氛圍。

● 改變鋁門窗型比例、色彩，形塑清新畫面

客廳原本的老式鋁門窗不僅灰暗，早期上面氣窗、下段鋁門的分割設計，更讓採光與畫面受到干擾。因此，改造時先移走冷氣、重整鋁門的窗型比例及窗框色彩，再搭配白紗簾營造空氣感。電視牆櫃也盡量薄型化，以色塊裝飾概念設計出賞心悅目的畫面，而輕薄的電視平台除有置物功能，也讓牆面有延伸放大的錯覺。

至於室內陰暗的問題，設計團隊以色彩與建材的搭配來因應。從玄關換掉原有紅褐色磁磚及鋁門框，改以米灰六角磚與白色鋁框，加上白色玄關櫃等收納設計，讓人一入門就可感受文青風格。室內延續以淺灰色調，搭配局部藍色塊作點綴，而木質家具與深灰沙發則讓空間有了重心，散發著北歐風現代簡約質感。

主臥維持在原來位置，但是為了迎接女主人的入住，除保留夫妻倆與未來小孩用的二房格局外，將拆掉的一房設計成大更衣室，滿足女主人衣物收放問題，同時也解決大型物件的收納。特別的是更衣室的門片以透光灰色玻璃作彈性隔間，視覺上與主臥空間可串連一致，增加穿透感。

HOME DATA

屋齡	40年
屋型	老式公寓／長型空間
坪數	24坪
成員	夫妻＋1貓
建材	木皮、系統櫃、玻璃、鐵件、烤漆、人造石材、磁磚

● 黑色工作區成為開放空間的獨立焦點

開放書房工作區因採用黑色烤漆牆面、天花板，因而得以從淺色空間中獨立出來，進而成為對比明顯的視覺焦點，也讓進出主臥室的動線有如時光隧道般增加趣味性。另一方面，深黑色空間可圍塑出凝神靜氣的氛圍，也有助於提升工作效率，搭配內嵌的木櫃與書桌等配色又顯得知性，而左牆上的長臂燈可與客廳共用，相當方便。

● 廚房規劃提升收納力、增添異國風情

廚房格局沒有變更，沿用原本一字型廚房設計，但是改造為現代化廚具，同時在上下區增加更多櫃體強化收納力。另外，風格延續公共區的色彩計畫，將流理檯與上櫃之間中段牆面的花磚採以同樣的藍灰色調做點綴，成功為素淨的白色廚具增添些許異國風情。

● 開放餐桌邊內嵌木製神龕，滿足風格與機能

開放的餐廳格局選用原木餐桌，搭配樣式不同北歐設計餐椅，為節省空間將餐桌緊靠牆面擺設，特別是桌邊牆面內嵌一座複合式組合木櫃，除可置物或作為展示櫃外，這也是應屋主要求而特別設計的神龕，運用溫潤的木材質櫃體取代傳統神明桌，高度尺寸均符合民俗需求，讓實用性與風格得以兩全。

● 以精緻木作規劃貼牆的收納櫃體

因為公寓只有前後採光，為調整暗沉空間感，設計師除了將空間基調設定以淺色為主，並採用木作適度地規劃貼牆的收納櫃體，在不影響空間光線流動與生活舒適度的情況下增加了各區的收納機能，同時仍能保持壁面線條流暢，使室內格局更加通透。

● 移動房門位置，讓沙發主牆更完整

為了成全沙發背牆的完整，以及微調電視牆與沙發的對應關係，將沙發牆後的次臥門片由右側移位至左側鋁門邊，如此也讓客廳與餐廳空間可以更為聚集，互動更密切。沙發牆採用屋主喜歡的灰藍色調，不僅將深灰沙發映襯得更出色，牆面上的黑色長臂燈也相當實用又搶眼。

● 低調黑白鋪設出時尚衛浴空間

衛浴空間與黑色書房有種遙相呼應的設計趣味性，由於浴室不大，在地磚與浴櫃色彩上選擇低調黑色為主，而牆面與面盆則搭配白色讓空間有放大效果，並以穿透感的清玻璃區隔淋浴區，在不影響視覺穿透感下規劃出乾溼分離設計，搭配綠色植栽讓黑白空間展現更豐富生命力。

● 主臥室鋪設粉白色系更舒壓

雖然原本主臥室的格局沒有改變，但是，因為將鄰間臥室改為更衣室，因此，可以將原本床尾的衣櫥收納移走，讓睡眠空間變得更單純，空間自然也就變得更舒適，加上粉白柔光色調的牆面，以及床頭桌燈、吊燈等多元間接光源的營造，讓氣氛更舒眠。

● 小房間化身更衣室提升主臥室舒適度

為了迎接女主人的入住，同時也改善原本收納不足的問題，將原有三房改為兩房，夾在中間的小房間變更為更衣室，有條不紊的系統櫥櫃規劃可以收納大型物件及更多衣物，而且規劃時特別將更衣室門片以透光的灰玻作隔間，增加主臥視覺的穿透性，讓空間有放大感。

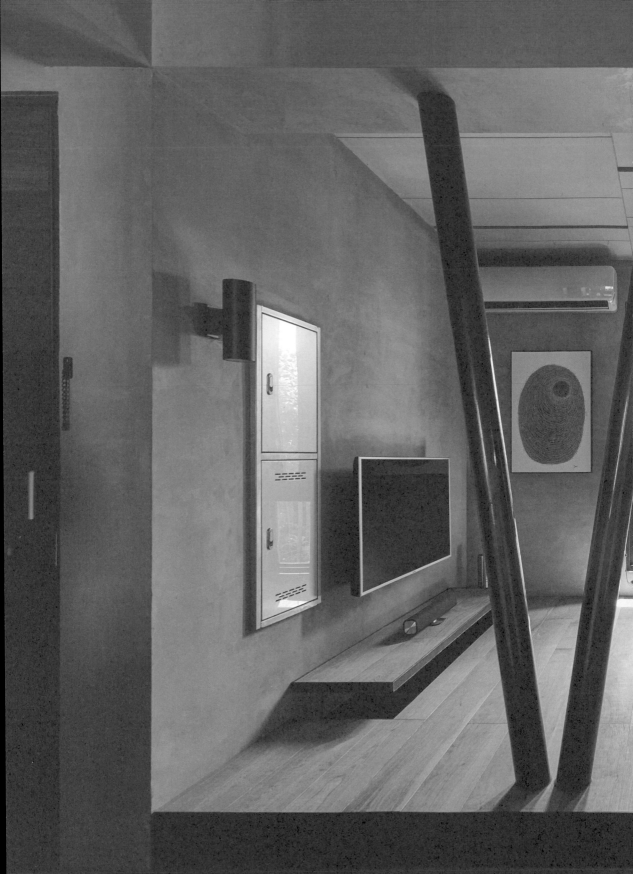

09

以節能為核心，成就光、風並濟原色宅

文—葛珮瑜　空間設計暨圖片提供—新澄設計

BEFORE

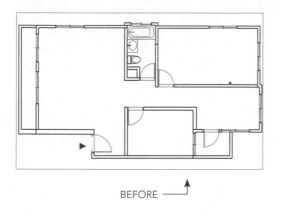

BEFORE ——

AFTER ——

翻修重點	1. 拆除多餘隔牆放大空間感，增加光線與氣流的通暢。
	2. 整頓空間動線，將廚房移置玄關旁，使整體格局更方正。
	3. 更動陽台出入口，改窗型減少升溫、導入自然風，達成節能目標。

·工程翻修·

基礎工程部分，除了全數更換老舊水電管線增加使用安全外，藉由拆除隔牆增加公共區空間串聯，使自然光得以深入屋內，減少白天開燈的耗能，並將東邊落地窗改成四扇直向推射氣窗，減少大面積受熱增溫，同時還能引入自然風調節舒適。此外，加裝熱迴水系統，避免因等待熱水造成水源浪費；迴水管路流經之處同時成為地熱，可一併解決冬天地板冰冷問題；天花板位置採用隔音、防潮、防火的木絲水泥板為主，鞏固老屋安全。

·格局調整·

將原本位於入口旁的臥房實牆拆除改為開放餐廚區，解決原格局採光隔阻窘境，同時消弭掉舊廊道的壓迫陰暗，使空間變得方正，並藉由電器櫃牆側面整合玄關收納，讓公共區能自然融合銜接。小孩房選擇挪至原本的廚房位置，同時利用拉門將後陽台入口整併在此一區塊，以維持動線及牆面俐落感。調整衛浴入口方向以爭取使用面積跟合宜動線，並在靠廚房這一側的牆面增加了一個暗櫃收納；部分陽台外推納為書房使用，更動陽台出入口，藉以截短過長的陽台動線。

·預算運用·

本案屋齡高達40年，因此基礎工程預算高達48%。更動部分包含水、電管路及弱電箱、電箱的更新，實牆拆除及清運，迴水器管路埋設等；不含家具，裝修預算約佔工程款52%。除包含所有裝修材料、廚具、工資等基礎需求外，還加設了迴水器、省水馬桶、加熱毛巾架等設備，以達成節能及提升生活舒適目的。

● 放大量體整併收納，開門印象明朗清爽

拆除實牆隔間後，將原本位於屋子底部的廚房調整至玄關旁，增加
使用便利與開闊感。一字型廚具緊鄰封閉式白色高櫃維持畫面清爽；
高櫃側邊結合開放式層架，滿足鞋櫃與置物檯需求，藉由放大量體
來統整收納，提升坪效利用率。

「節能、環保、愛地球」除了是耳熟能詳的口號之外，新澄設計利用自宅為範本，將屋齡
高達 40 年的老房子重新翻修，藉由專業知識與手法，讓空間成為友善環境的好朋友。

　　節能是本次改造的核心重點，因此在整體架構上，必須保有光線跟氣流延展的空間。而舊
格局除了兩間用實牆砌築的臥房外，還在沙發後方加了一個木板隔間房；雖然屋子前後跟左側
皆有開窗，卻因牆面的切割而變得昏暗，動線也較曲折。於是設計師拆除位於入口旁的臥房實
牆打開表情，並將次臥調整至原本的廚房，讓後陽台入口與次臥整併在同一區塊內；接著再將
舊衛浴的入口轉向，讓牆面水平得以拉齊。如此一來，餐廚面積變得開闊方正，又與客廳、書
房統合成完整的公共區塊，不僅光線與氣流能自在串流，空間感也倍增。

　　前陽台的動線過於冗長，大面積的落地窗也容易使室溫升高。於是外推部分陽台爭取書房
使用面積，並且更動陽台入口方向，將迎光面改成四扇直向推射氣窗確保採光；導板增加了對
流效應，也減少使用空調的機會。此外，刻意在翻修時加裝迴水器，減少等待熱水時所造成的

● 中島吧檯統合餐廚需求、激化美型

用中島吧檯取代傳統餐桌不僅可以擴增工作檯面，回字型動線亦有助料理效率提升。70 公分高的無靠背單椅讓畫面線條顯得俐落，搭配橫向的黑鐵 H 樑吊燈創造延展感，並以 V 字支桿呼應客廳鐵管造型，強化設計語彙串聯。

● 藉原材確保實用、傳遞純粹之美

廚房以外露排煙管與鍍鋅背板回應原貌呈現的設計堅持。霧面的鍍鋅板增加了廚房光澤，好清理的特性也吻合實用機能。爐具以電陶爐取代傳統瓦斯爐；一來是老屋原本就沒有牽設天然氣管道，另一方面則有美觀與安全性考量。

水源浪費。預埋於地板下的迴水管路，同時提供了地熱效益，讓冬日地板不再冷冰冰。

除了在結構處下功夫，裝修細節同樣費盡巧思；以常見、容易取得的材料來減省運輸里程的消耗外，也盡量善用原材特色減少二次加工。例如，牆面以水泥粉光凸顯建築單純樣貌；順延而上的天花則採用密度與強度較佳的木絲水泥板，來增加隔音、防潮、防火機能，並以溝縫線條解決纖維板的尺寸限制、增加造型感。

陽光、空氣和水是人賴以維生的三大要素，也是居宅中掌握生活品質的無形推手；這 20 坪大的水泥色空間褪卻虛華，用疼惜心意建構起人與環境的橋樑，「自在」就是最動人的回報！

HOME DATA

屋齡	40 年
屋型	老式公寓／長型空間
坪數	20 坪
成員	夫妻＋1 小孩
建材	進口磁磚、水泥、絲紋不鏽鋼、黑鐵烤漆、實木地板、仿飾漆

● 透明隔間顛覆浴廁刻板印象

以高級民宿為發想，希望空間可以真實需求為依歸，盡量減少封閉感。考量重隱私、訪客少的生活慣性，決定利用透明玻璃作為隔間；一來可延展景深，二來也便於看顧幼兒，讓互動更緊密。門框以幾何線條回應設計趣味。

● 保留素材原貌，以歲月替空間調味

利用地板高度規劃升降式電視櫃保持調度彈性。有別於一般隱藏電箱的手法，利用訂製的不鏽鋼毛絲面蓋板將弱電箱與電箱位置展現出來凸顯設計質感。客廳地板以廢木料為材，透過不同寬度與色澤拼接成獨特花色；未經打磨的原木雖然粗糙，但藉由長期使用會變得平滑，反而更具生活感。

● Ｖ型鐵管強化結構、形塑風格

客廳利用 2 根黑色生鐵管加強老屋結構支撐，同時成為開放公共區焦點。不同於水平、垂直的拘謹，斜向線條能創造更多場域交流的動態感。考量老屋樓板承重力不足，若灌入水泥砂漿會導致樓下漏水，改以仿水泥磁磚舖設回應色系。公共區透過 25 公分的階差，及木與磚的質感殊異，自然達到機能界定與視感豐富目的。

● 用線條增添造型、省卻二次加工

書房黑鐵層架直接焊接於牆，降低板材厚重之餘，不多做修飾的焊接點也彰顯原味精神。檯面藉由板材顏色、寬窄的落差免卻呆板，上下斷開設計則保留更多收納彈性。天花水泥板用不對稱線條製造出單一材質層次變化，同時省卻二次加工的麻煩。

● 外推陽台讓光與景更靠近

舊格局陽台動線過於冗長,且書房橫窗位置造成牆面幅寬比例不均;於是透過一個小轉折更動出入口,將部分陽台外推納為書房使用。如此一來,便可化解動線冗贅與牆面偏廢問題,同時又增加了書房面積與採光,可謂一舉數得。

● 加大間距涵容雙區入口、打造俐落

小孩房挪至原本的廚房位置,並將後陽台入口整併在進入臥房的動線上;透過實牆與拉門切齊立面水平、拉直動線,但藉由黑色造型框區隔屬性,保留小孩房場域完整。牆面刻意安排條狀鏤空穿引光線、破除平板,也讓廊道空間更輕盈明亮。

● 燈光與櫃體共構舒適休憩空間

主臥設計重點著墨於燈光與櫃體細節。除了利用天花漫射的間接光源增添柔和，訂製櫃內還崁入 LED 照明取代外凸的床頭燈，讓空間更緊實。床尾櫃牆灰白色的部分拉出來就是燙衣板，下方兩個空格拉出則可變身化妝台，簡潔造型卻蘊含強大機能。

● 幾何造型兒童房激發更多玩心

小孩房床架墊高35公分，並以幾何造型木作圈圍創造結構感趣味。雙色邊櫃看似收納量有限，其實向下延伸到底，坐著就可以拿取衣物反而更方便。黑色金屬架除了增加造型，也可充當室內曬衣架。幾何切割的置物桌暗藏間接光源呼應牆上燈帶，讓空間氛圍更富變化。

10

25坪森林系書屋，展開無印新生活

▼ 文—Cline 空間設計暨圖片提供—六相設計

BEFORE

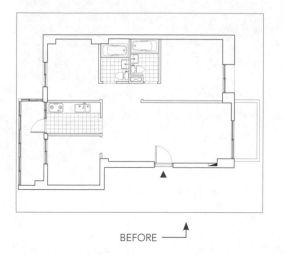

BEFORE ⌐↑

AFTER ⌐↑

翻修重點

1. 擁有許多藏書，需要很大的書櫃可以收納。
2. 目前是三個人居住，但希望可以預留孩子出生的使用空間。
3. 喜歡料理，期待能有一個寬敞舒適的廚房。

·工程翻修·

由於老屋陽台有漏水、廚房壁癌問題，重新施作防水之後，室內主要工程則放在木作部分，利用樺木材料打造公共空間最主要的收納櫃體，廚衛位置雖無變動，然而因屋齡老舊，管線全面換新，並透過設備的增加與動線改善，提供屋主更舒適便利的生活。

·格局調整·

老屋格局比較著重在廚房以及另外一間可彈性使用的臥房規劃，藉由拆除兩道隔間，爭取前後採光面的自由流動，如此一來也可以讓空間變得更寬敞舒適。另外，調整主臥入口動線，挪移至沙發背牆同一側，稍微擴增房間的使用坪數。

·預算運用·

老屋改造費用主要產生於木作工程，大約佔整體費用的 1/3，其次是空調和水電管線與油漆費用，因老屋曾裝潢過，鋁窗狀況並沒有太大的問題，此次翻修並無更換。

● 保留彈性一房的可能

因應現階段的三人小家庭，中島吧檯左側空間暫時為留白，僅擺放
鋼琴使用，包括客廳往餐廳的過道比例也相對較大，用意在於日後
若有小朋友加入，活動式餐桌便可往客廳方向移動，透過增加拉門
的方式，創造出多一房的可能。

---

　　25 坪的老屋，原本是標準的三房二廳配置，過去總是堆滿了各式現成櫃子，甚至壓縮房間
的走道，而客廳角落同樣是被雜物堆滿的畫面，由於面臨兒子結婚的家庭結構改變，現階段居
住成員變成新婚夫妻和媽媽三人，期盼空間能更為寬闊一些，不過也得預留未來小朋友加入的
彈性變化可能，除此之外，也正好將老舊房子的漏水、壁癌問題一併改善。

　　在坪數有限的情況下，設計師首先計算物品的收納量，包括書籍、收藏杯子數量，將所有
收納空間集中規劃於客廳電視牆面，並橫跨至走道區域、大樑上方，入口右側包含了鞋櫃機能，
其餘則大量採取樺木格子書櫃的劃分方式，讓屋主能整齊收納豐富的藏書，形成有如居家圖書
館般的生活氛圍，櫃體局部並搭配長方抽屜，做為放置雜物使用，避免造成視覺凌亂，甚至巧
妙納入紅酒儲藏設計，鄰近餐廳的藍色門片底下，則收整了馬克杯，讓家中的每個物件都能被
妥善歸位。老屋格局調整幅度最大的區域，則在於廚房與其相鄰的臥房。拆除兩道隔間牆，好
讓房子左右採光得以穿透蔓延，空間尺度也因而獲得放大，一方面延長原有一字型廚具的尺度，

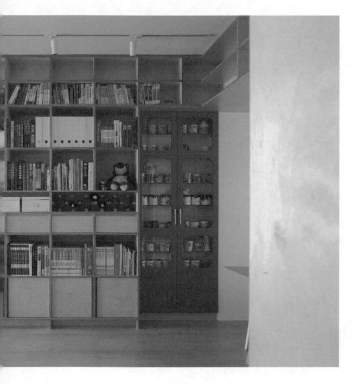

● 樺木格子櫃整合家的收納

把家的收納幾乎集中在從客廳到接近餐廳的牆面上，選用樺木夾板打造格子櫃體，以開放比例較高的設計，不但滿足大量藏書的收納，也讓書籍宛如展示般的被陳列，格子櫃體更納入落地鞋櫃，以及抽屜收納生活雜物，賦予各式生活物件的儲藏需求，右側的藍色櫃體則作為跳色，增加豐富的層次變化。

同時整合冰箱與電器櫃的機能，更增設中島吧檯，檯面內嵌電陶爐設計，擴充料理、用餐的便利性。連結著中島吧檯的餐廳搭配活動式餐桌家具，其實隱藏著相鄰空間的彈性變更可能，現階段僅擺放鋼琴使用，未來只要增加活動拉門，將餐桌往右側移動，就能輕鬆隔出多一房的使用，且衣櫃與收納櫃體皆也皆已規劃完成。

在建材選用上，則因應屋主對於無印氛圍的喜愛，全室牆面刷飾白色油漆，搭配大量的樺木夾板打造收納櫃、臥房梳妝檯以及床架，呈現自然清新的舒適感，開放式廚房也捨棄吊櫃，特意留白的壁面貼覆好清潔的仿大理石磁磚，加上純白的廚具色調，讓老屋揮別陰暗狹隘，展現透亮寬敞的空間感。

HOME DATA

屋齡	20 年
屋型	公寓／長型空間
坪數	25 坪
成員	夫妻＋長輩
建材	樺木夾板、超耐磨木地板、磁磚、塗料

● 樺木材料帶來自然溫潤感受

重新整頓的老屋格局,減少多餘的隔間劃分,好讓前後採光自由穿梭,樺木材料由壁面櫃體延伸成為橫樑下的收納,並一路發展為壁面、門片設計,空間在溫潤木材的包覆下,散發自然溫暖的氛圍。

● 玻璃隔間提升採光

客浴取消原有浴缸配置,改為乾濕分離設計,創造更為舒適的沐浴空間,鏡面區域隔間特別選用玻璃材質打造,彌補浴室沒有窗戶、缺乏自然光線的缺點,壁面同時搭配白色復古磚材,提高整體明亮度。

● 簡約無壓的自然風臥房

延續公共空間的樺木夾板材料，運用為床頭壁面造型，且一併整合
創造梳妝機能，甚至打造出結合收納的床舖家具，其餘牆面大量的
留白，維持乾淨的白色調，空間清爽無壓。

● 拉大廚房擴充收納與料理設備

老屋原有一字型廚具在隔間的拆除下，得以獲得延伸放大，並享有完整納入冰箱、電器櫃設備的充裕
機能，讓料理動線更為流暢，而特意捨棄的吊櫃，改以留白貼飾大理石紋磁磚，反而讓空間更開闊。

11

開牆面、整動線，
重塑兒時舊居新風貌

文—黃珮瑜　空間設計暨圖片提供—日作設計

BEFORE

BEFORE

AFTER

翻修重點

1. 拆除書房實牆破除長廊晦暗感，延展隔牆增加小孩房面積。
2. 以櫃體拉長餐廳面寬，同時達到玄關與餐廳分界作用。
3. 縮減主臥隔牆縱深增加轉折，藉此爭取客衛面積。

・工程翻修・

全數更換老舊水電管線增加使用安全，並藉拆除隔牆達到增加公共區明亮感和開闊感目的。另外，縮減主臥牆面縱深並增加70公分寬轉折牆，藉此爭取客衛及兩側收納櫃面積。公共區壓樑問題透過餐廳天花封板和斜向收邊手法，創造高低落差及向上延展的視覺感化解，45度角斜邊也有助提升冷、暖空調的使用效能。

・格局調整・

拆除沙發後方的房間隔牆使採光面得以串聯；擴大空間感外，同時解決了長廊晦暗壓迫窘境。相鄰的三間臥房原本隔牆較長，但為了爭取客衛及小孩房面積，透過縮減縱深、增加轉折及拉長隔牆等手法整頓格局，使臥房內部配置更精確，連帶也使外部動線更加順暢。原本位於玄關旁的餐廳，因隔牆太短而喪失完整感，透過一只懸空櫃拉寬牆面幅度；不僅明確劃分出玄關與餐廳的界線，亦藉由底部視線的通透，放大了整體公共區開闊。

・預算運用・

本案因用水區沒有更動，舊窗全數保留，牆面拆除跟調整範圍有限，故基礎工程預算約佔25%。包含水、電管路及變電箱更新，實牆拆除及清運，磁磚鋪貼，壁癌處理等。不含家具、空調，裝修預算約佔工程款75%，包含所有裝修材料、廚具、工資等部分。

● 拆隔間釋放採光與空間感

拆除實牆後除增加採光迎納使公共區更明亮外；同時還解決了原格
局廊道陰暗窄迫的問題。此外，延展了與小孩房相鄰的隔牆，使房
間內部的櫃體容量得以加大，外部空間亦因牆面幅寬與景深拉長，
創造出更爽朗大方的空間表情。

這裡是屋主兒時住家，隨著就學、工作等因素曾閒置一段時間，成家後希望能在此展開新
生活而進行改建。原格局共有四房，公共區面積也不算小；可惜因為隔屏與實牆的切割，造成
動線曲折、採光不佳、廊道窄迫的問題。此外，舊客衛坪數較小也造成侷促感。考量新的成員
配置及屋主需求，決定透過縮減房間數量和調整牆面縱深來解決困擾。

首先，將入門的造型隔屏拆除還原客廳明亮；直透的視覺動線讓外景與室內銜接，卻又因
地坪色彩與高度落差消弭了動線冗長的疑慮，形塑出明朗的開門印象。玄關左側利用一座1米9
的橡木櫃滿足收納；懸浮量體雖厚實卻不笨重，且巧妙地取代牆面延展了餐廳範疇，達成確立
界線和串聯公共區的任務。

接著，撤除鄰近客廳的房間實牆。如此一來，就能同時達到採光面增加、景深延長和破除
廊道封閉的三重目的。為了增加沙發後背有靠的安全感，以冰果室情人雅座為概念發想，設計

● 封頂＋斜角打造開闊高挑視感

利用封板包覆修飾截斷貫穿客、餐廳間大樑，客廳與餐廳區的天花高度就會產生落差，放大客廳高挑印象。考量冷、暖氣需要不同吹拂角度的能源效益，將天花側邊的空調出口折衷成 45 度斜角，此舉強化了視覺延伸效果。

● 藉地坪高差、色差圈圍範疇

玄關利用微幅的地坪高差，明確界定內外範疇。凸紋的灰黑板岩磚與凹紋、半平光質感的米白蛋殼面磚，藉由色彩與質感對比強化機能與舒適。樑下精簡陳設營造清爽，稻草塗料牆非均質的粗糙感因自然側光游移，更能勾勒閒適氣氛。刻意拉出一條黑色燈槽，除了能補強照明，同時也具備引導視覺延伸作用。

出 100 公分高、長凳與櫃體結合的訂製家具，以確保分界與空間感需求能並存。

公共區表情打開後，刻意將書房與小孩房相鄰的牆面加長，以爭取衣櫃設置面積。此外，順應屋主床尾須與入口齊平的風水要求，縮減主臥牆面縱深並增加 70 公分寬轉折牆，利用拉齊牆面手法爭取客衛坪數，兩側間距就變身收納暗櫃融入牆面。客房面積雖然因此變小，但公共區與臥房區的動線卻因此變得更加順暢。

如果說，空間是承載生活的容器；那麼，藉由容器形貌的改變，也賦予日常新生的可能。透過翻修，將成長記憶與新的生活動態重新連結，讓空間不僅是棲身住所，也成為見證人生歷史的隱形推手。

HOME DATA	
屋齡	23 年
屋型	電梯大樓／不規則型空間
坪數	40 坪
成員	夫妻
建材	橡木、鐵件、稻草塗料、板岩磚、60×60 蛋殼面磚

● 木作牆、櫃共構公共區閒適氛圍

打開空間後，藉由木質溫潤創造公共區怡然
氛圍。走道左側大面積的木牆，將兩個收納
櫃與客衛、主臥入口整併在同一水平上維持
動線俐落。書房區則以懸空櫃體與訂製家具
相互對望，既確定了機能空間範圍，也維持
了開放視野。

● 對比櫃體延展牆面、增加趣味

原本的入口牆面太短，導致緊鄰玄關的餐廳
區缺乏完整性。利用兩座1米9的懸空櫃做
牆面延展釋放侷限；平面背牆與開放格櫃的
搭配，使端景畫面不會顯得凌亂，對比差異
又增加設計趣味，強化空間層次與耐看性。
白色櫥櫃區則預留日後增加吧檯的間距，讓
住家面貌可隨時間積累慢慢豐富起來。

● 以訂製家具解決複合式需求

客廳與書房之間以情人雅座為概念，訂製長
凳與櫃體結合的家具。包覆式椅背能增加親
密感受，櫃體深度則抓齊樑寬；如此一來既
滿足後背有靠的心理安全，二來也化解壓樑
困擾，同時確保了區域分界與採光、空間感
串聯的需求。

● 縮、放牆面調度空間動線

為簡化居家動線，透過拆除書房隔牆、延展小孩房牆面幅寬，以及縮減主臥縱深、增加 70 公分轉折
等動作整頓了外部格局。不僅書房牆面變得大器；從入口到臥房的動線也更俐落，最重要的是少了走
道空間的浪費，讓家的風貌更開闊迷人。

● 撤除實牆倍增公共區明亮開闊

原本阻絕的光線透過實牆的拆除得以褪卻屏蔽、在開放空間互相交流串聯。窗型維持原本樣貌，但藉由落地紗簾與平面遮光簾演繹不同光線表情。除了採光之外，封閉的廊道也因牆面拆除而消失，取而代之的是順暢動線及開闊空間感。

● 善用採光與櫃、牆打造舒適更衣區

主臥利用床頭後方闢出梳妝區；半腰櫃與桌面結合增加了平台使用面積，滑軌鏡面則有助延展景深、調整窗戶光線。95 公分走道保留足夠的迴旋間距，臨窗採光搭配鏤空床頭，不僅提升節能功效，也讓空間常保明亮、減少封閉。

● 客衛拉長動線擴增舒適

調整動線之後客衛坪數加大，入口與馬桶之間有了充足的迴旋距離。洗手台與淋浴間分立左右，透過鏡面與清玻的相映加乘，空間益發明亮寬敞。主衛維持原位，但透過更換設備來翻新。兩間浴櫃皆採橡木門板呼應公共區，懸空式設計也讓清理更便利。

● 以床頭牆解決多面向風水需求

主臥利用一道與樑齊寬、180公分高的床頭牆，解決壓樑、背靠和床尾對齊入口的風水要求。ㄇ字型動線簡潔，鏤空床頭則可援引採光、減少壓迫。封閉的櫃牆維持畫面整齊、渲染溫潤，搭配部分層架，讓收納與展示有更多彈性調度。

12

拆牆、移房口，
賦活北歐風老屋新表情

文－黃珮瑜　空間設計暨圖片提供－禾郅設計

BEFORE

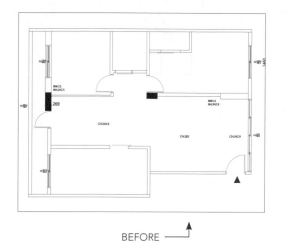

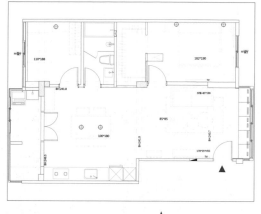

BEFORE ⌐

AFTER ⌐

翻修重點

1. 拉齊動線，更動臥房入口方向，減少走道與畸零空間浪費。
2. 縮減房間數量，整併餐廚、統合公共區，大幅增加採光明亮。
3. 拆除主衛，藉由加長牆面及挪用部分客衛手法擴增主臥面積。

・工程翻修・

全室管線更換，利用地板墊高手法重抓水平，並針對廁所防水層、鋁窗邊框的防水加強。將入口處原本封頂的外推天花打開揚升視覺，並變更窗型，藉由大片氣密窗阻隔噪音、強化採光。將包夾於兩間臥房中央的客衛向左挪移，並延展牆面縱深使浴廁面積變大。增加一道假樑修飾排煙管線。

・格局調整・

拆除入口同側的臥房隔牆，使餐廚得以整合，促進公共區採光與視野串聯，擴增明亮和開闊。將衛浴位置向左挪移，爭取主臥使用面積；並加長兩區相鄰牆面、更改入口方向以拉齊動線。後陽台原本就已外推，挪用部分面積納入次臥，一來可降低動線冗長感，二

來也確保次臥使用空間充足。

・預算運用・

考量屋齡老舊加上預算有限，設計師希望朝「體質健康，不做多餘粉飾」的實用路線進行改造，因此基礎工程預算約占總金額2/3的比例；調整部分包含水、電管路更新，實牆拆除及清運，重抓地面水平，窗型變更、防水強化處理等。裝修工程佔工程款約1/3。施作內容不含家具，包括牆面塗刷材料及工資、少量木作、超耐磨地板鋪設等。

　　屋齡 30 年的老宅僅有前後採光，長型屋本就容易產生中央區段陰暗問題；加上原格局三房中，與入口同側的房間隔牆又截斷了光線延伸，使昏暗狀況更明顯。此外，沙發背牆因為兩房入口包夾客衛入口而造成ㄇ字型內凹，亦導致公共區動線變得曲折零碎、餐廚面積無法擴展。

　　與屋主溝通後，打掉其中一房的隔牆，並將原本位在屋子中央的廚房往左側牆面靠攏，讓出來的空間就成為新餐桌椅安身之處。此外，封掉原本房內的半腰窗，將後陽台入口加大，如此一來，不但有效解決了中央採光不足的困擾，同時也讓狹長的公共區變得方正開闊，同時滿足了屋主整合餐廚的需求。

　　為了拉齊房屋右側的牆面水平，決定更改臥室入口方向，透過將兩房一衛相鄰的隔牆加長，消弭了動線內凹的缺失。主臥需要更衣間，故將原本的主衛拆除，並挪用部分的客衛面積回應需求。考量後陽台原本就已外推，挪用部分面積納入次臥，此舉既可確保次臥與客衛使用空間

● **用細節安排創造舒心好宅**

通往後陽台的入口以白色百頁門片鋪陳,讓光影灑落更有層次。立面左側以磁性漆與黑板漆打造,讓屋主隨時可依心情變換圖案、豐富日常生活趣味。牆角處開設一個小洞方便貓咪進出,讓寵物與主人同享新格局的舒適愜意。

● **封窗集中光源,化解陰暗與窄迫**

封填一堵半腰窗使左右牆面變得平衡,並將後陽台入口加大,改成四扇長形百葉折門。如此一來,光源可達到集中效果,解決房屋中央採光不足的問題;同時也打開公共區面寬,讓原本狹長的格局變得方正,滿足了屋主想要的開闊。

充足,還能降低後陽台動線冗長感,使機能分配更合宜。

　　整體住家以白色調鋪陳,除打造北歐風乾淨俐落的明快印象,也藉由輕淺色調放大小坪數空間的視覺感。餐廚區利用黑板漆與磁性漆創造了大面的塗鴉牆,手繪質感不但讓這面端景更具生活味,也能強化家人間的交流互動。照明部分則以軌道燈、吊燈與伸縮壁燈提供多元配置,搭上表情隨時更迭的自然光,濃濃的閒適氛圍就這樣盈溢在住宅中。

　　長型老宅經常予人陰暗壓迫的負面印象,但只要透過合宜的格局整頓與基礎機能補強,空間一樣能再次活化,甚至綻放出不輸新屋的迷人風采!

HOME DATA

屋齡	屋型	坪數	成員	建材
30年	老式公寓／長型空間	22坪	夫妻	超耐磨木地板、黑板漆、磁性漆、進口瓷磚、烤漆

● 塗鴉牆穩定空間視覺、揮灑專屬特色

拆除隔牆後將廚房向左靠攏，使餐、廚機能整併在同一區塊。黑板漆塗鴉牆替白色住家創造了穩重端景，手繪質感則讓空間更富生活味，多元化的照明安排可滿足不同情境需要，搭配前後串流的自然光，固有陰暗缺失全數 out。

● 用地圖裝飾保留回憶、增進甜蜜

利用加長牆面縱深及納入部分外推空間的手法，確保衛浴及次臥使用面積，同時還一舉拉齊牆面水平，達到順化動線目的。此外，因衛浴往後挪移，使走道牆面多了一段留白，利用世界地圖標註出旅行足跡，讓回憶可常保新鮮，並促進再出發的動力。

● 一字型廚房回應主色、順暢動線

用白色一字型廚具回應色系安排，也讓動線更加直接。頂端用一根假樑修飾排煙管，並以層板取代封閉型的吊櫃增加取用方便。伸縮壁燈則可補強料理工作時的照明。造型磚僅在靠近檯面的部分鋪設，同時兼顧機能與預算需求。

● 筆直動線銜接各區成景

少了牆面阻隔後，公共區採全開放式規劃，藉由筆直的動線，以及內、外景觀的交融，賦予最大尺度的空間感。此外，順應樑柱結構線條，客廳跟餐廚區皆能自成一格維持完整性；更可依視覺角度的不同，品味獨立或是串聯的框景。

● 白色空間以大地色鋪陳怡然氣質

利用淺色木地坪鋪陳開放的客餐廳，環伺的
白色立面在陽光照耀下更顯明亮。低背沙發
有助削弱量體感、放大空間視覺；淺灰搭配
圖紋、寶藍抱枕，讓色彩層次堆疊卻不張揚。
樹枝狀衣架以素樸回應北歐重視機能美的設
計特質。

● 以臥榻確保採光，調度空間彈性

變更舊有窗型後可引進更多採光，臨窗設置一整
排38公分高的臥榻，讓這個陽光角落成為ＶＩＰ
座，不僅可以隨時感受光與風的洗禮，照亮每日
進出時的好心情；還能充當訪客座位調度空間彈
性。抽屜式收納則更便於抽取和分類。

● 用牆色與家具增添設計感

考量預算有限，不做多餘木作與線板，反而利用造型簡潔的活動家具創造設計感，也保留了日後變更的方便性。除了家具以外，利用大面積牆色來改變氣氛，清爽水藍搭配深、淺木色家具，讓主臥更加溫馨有變化感。

● 打開入口封頂迎納開闊

舊格局原本就將陽台外推，但做了層板封頂，意圖使玄關區更完整。改建後將原本封頂的天花打開；一來是因為吻合風格可採明管設計，二來是因為客廳旁有一根大樑，希望藉由視覺落差創造向上延伸效果，也讓入門感受更開闊。

13

動線重塑，開啟老屋新生活型態

文—王玉瑤 空間設計暨圖片提供—原晨設計

BEFORE

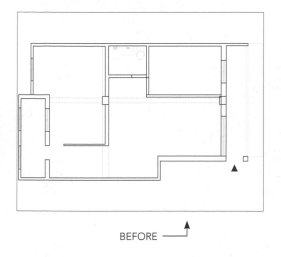

BEFORE

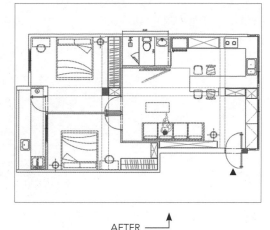

AFTER

翻修重點

1. 將原本封閉的廚房重新規劃成可與家人互動的空間。
2. 雖有前後陽台卻沒有採光優勢，藉由重新翻修改善採光。
3. 改善原始格局不佳，導致公領域不好規劃且空間浪費問題。

・工程翻修・

格局調整需打掉原有隔牆並重砌新牆，考量老舊建築承重問題，採輕隔間取代磚牆，解決承重問題，讓施作工程時間縮短，價格也比磚錢便宜；老屋不可避免的漏水問題，全面檢修後，在漏水處先做打針處理，接著在頂樓、女兒牆及外牆處，重新施作防水漆工程加強防水；室內天花出現局部鋼筋外露，為了防止天花塌陷，外露處以 H 型鋼架做加強固定，再用鐵片封住做第二層防護。

・格局調整・

原本位在後陽台位置的廚房，空間封閉又無法與家人有互動，因此將廚房位置挪移，藉此與客廳串聯成一個寬闊的公領域，加強家人互動需求，同時有放大空間效果，原來的

次臥調至主臥隔壁，將主臥空間內縮，讓出部分空間給次臥。調整格局時，移動衛浴容易引起水管阻塞，且可能需要墊高地板，因此保留不做更動。

・預算運用・

老屋翻修最重要的就是基礎工程做到位，因此預算約 1/2 用於管線更換、結構補強、解決漏水等基礎工程，剩餘的 1/2 則分配給收納系統櫃，以及空間的裝飾美化工程。

● 出口調動重塑合理動線

原本衛浴入口位置太過突兀，因此把入口調整至側牆，動線更為順暢。門片改成滑門節省開闔空間，並貼飾鏡面虛化存在感、增添衛浴隱密性；因出口調動讓牆面變得完整，並以沉穩深色木素材貼飾，即成為一道具特色的電視牆。

伴隨著男屋主成長的老房子，在面對家庭成員增加與生活方式的改變，不只愈來愈無法符合生活需求，屋齡已經 30 年的老屋，也逐漸出現漏水、鋼筋外露問題，雖說直接換屋是最快的解決方法，但基於情感與預算因素，屋主決定進行老屋翻修，希望藉由整修，讓充滿兒時回憶的老屋，變身成符合全家人生活的新空間。

原始空間還算方正，也有前後陽台採光，卻讓屋主感覺室內採光、動線不佳，最大原因皆是來自於格局規劃不當，因此想重塑空間新樣貌，必須先從調整格局開始。首先，將原來鄰近客廳的次臥與獨立在後陽台的廚房位置對調，並藉由主臥的退縮，並結合原來走道空間，隔出坪數合宜的小孩房，後陽台則恢復原來曬衣、洗滌衣物功能，解決過去只能爬到頂樓曬衣困擾。

位置移動的廚房，選擇拆除隔牆採開放式規劃，改善以往讓女主人感到孤單又封閉的格局，

● 減少立面線條強調視覺開闊

捨棄易產生封閉感的隔牆，改以地面相異材質劃分出玄關與廚房位置，材質刻意選用與溫潤木地板反差較大的六角花磚，除了顧及用水、落塵較多的廚房、玄關清潔便利性外，豐富花色亦有聚集視線，製造空間吸睛效果。

● 融入實用與裝飾概念，化解樑柱問題

無法拆除的粗大樑柱，以櫃體加以包覆美化視覺，考量櫃牆量體過於沉重，主要收納空間規劃在下方，漆上白色強調視覺俐落感，上半部則運用玻璃、鐵件兩種材質，搭配有延伸視覺作用的鏤空穿透設計，架構成隨興的幾合線條裝飾立面，增加視覺豐富變化。

釋放出來的空間也可將餐廳、客廳做串聯，成為全家主要活動的公領域，既增加家人互動關係，也營造出寬闊空間感。過去因為缺少收納機能，造成空間凌亂又難以整理的困擾，則以廚房的置頂高櫃，與沙發背牆收納櫃滿足需求，還給屋主一個整潔、舒適的生活空間。

　　承載過去歷史的老房子，雖然經過時代的變遷，並無法完全貼合現代人的生活，但與其全面換新，屋主選擇了適度調整，重新發揮空間的可能性，在滿足居住舒適度的同時，也延續了與這個家的情感與回憶。

HOME DATA

屋齡	約 30 年
屋型	老式公寓／方型空間
坪數	約 25 坪
成員	夫妻＋2 小孩
建材	烤漆、美耐板、六角花磚、超耐磨木地板、鐵件

● 打開空間，迎接寬敞明亮格局

公領域以開放式隔局做規劃，藉此將廚房、餐廳與客廳串聯成寬闊的空間，並經由動線的重疊自然增加家人互動，至於過去採光不足造成空間陰暗問題，在隔牆拆除後獲得解決，沒有了任何阻隔，光線便可順利引進室內，展現大面採光優勢。

● 發揮材質特色，兼顧實用與裝飾

利用沙發背牆不規則的畸零地，打造一座深約 35 公分收納櫃，藉此拉齊牆面水平，減少櫃體佔據有限的生活空間；規劃上除了滿足屋主大量收納需求外，為了避免造成壓迫感，中段採鏤空設計，下櫃則保持素白淡化存在感，藉此也能凸顯木紋紋理鮮明的上櫃，讓單純實用的櫃體成為豐富空間的裝飾元素。

● 跳脫框架創造視覺亮點

為了避開樑柱，一般會封平天花板，但設計師逆向思考以木素材包覆加以強調，並在兩側增加樑柱做連結，做出森林小屋斜屋頂意象，且不再用木素材包覆樑柱，改以清爽的淺藍漆色做表現，與空間的藍線主調達成視覺上的和諧，也巧妙凸顯讓人會心一笑的有趣設計。

● 機能整合創造空間多樣性

廚房以 L 型靠牆規劃，並在爐火區同一側增加置頂高櫃，收整廚房電器與雜物收納功能，維持視覺上的乾淨俐落；另外在原來隔牆位置，沿著樑柱打造長約 2 米 8 檯面，藉此將餐廳與廚房整併成一個餐廚區，巧妙善用有限的空間。

14

合併狹長老屋去除隔間，
開放格局重現寬敞氛圍

文—EVA 空間設計暨圖片提供—思謬設計

BEFORE

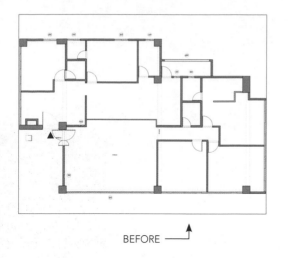

BEFORE

AFTER

翻修重點

1. 合併兩戶格局，重新拆除隔間，調整視覺比例讓空間更開闊。

2. 原始為固定窗，同時採光有色差，全室重新更換。

3. 老舊管線不堪使用，並處理壁癌問題。

·工程翻修·

由於為兩戶打通的設計，再加上採光不良的問題，拆除所有隔間重新配置。而原始窗戶為固定窗，前後通風不良；窗戶表面也貼上隔熱膜，導致屋內採光有色偏。因此全室窗戶換新，引入通暢對流。同時打除窗邊壁癌，翻新老舊地板和水電管線。

·格局調整·

拆除隔戶牆，客廳、餐廳和廚房不做隔間，重現空間寬度，視野變得更寬敞。封起通往客廳的大門，新大門與玄關呈 90 度垂直動線，入門多了轉折過渡，廊道兩側也增加收納量。而空間只有夫妻和小孩 3 人居住，房間需求不大，隔出四房使用，除了主臥和小孩房，也保留給長輩和客來訪時使用。主臥

則增設衛浴，擴充使用機能。

·預算運用·

屋況本身不算太糟，僅有些許壁癌，因此著重新增隔間，增設主臥衛浴和翻修地面、窗戶，預算主要放在泥作、水電和鋁窗的基礎工程。而屋主也需要足夠的收納，部分預算也放在系統櫃和木作的項目，其餘就分配給設備和家具。

　　這是一間約 30 年的老屋，本身寬度不足，空間相對狹窄。因此屋主希望透過兩戶合併的方式，讓空間獲得緩解。首先拆除中央的隔戶牆，打通兩戶區域，封閉鄰近客廳的大門，讓公領域更為完整。新大門入口動線也多了轉折，增設玄關廊道，形成由暗到明的過渡。在進入客廳的剎那，便能將視野往左右延伸，展現開闊尺度。特別的是，中央採用懸吊電視牆，可旋轉的功能讓人不論在客廳或餐廳都能享受視聽機能，同時鏤空的設計也不阻礙空間視線。

　　水平面獲得延展，垂直面也要相對提高。拆除原有天花，露出裸露樓板，水電管線也沿樑設置，破解老屋的低矮屋況，從水平到垂直，視覺比例更為均衡。而本身擁有三面採光的優勢，客廳便配置在採光最好的區域，與餐廳、廚房放在同一軸線，讓兩側的光線得以深入屋內。

　　當光線足夠了，牆面便選用純正白色，透過反射無形中讓空間更顯放大。為了保留開闊空間的優勢，順勢以白色作為主色，從天花、牆面到櫃體鐵件統一色系，搭配木作輔佐，增添些

● 玄關增設廊道，創造入門過渡氛圍

由於為兩戶合併，保留其中一戶大門，使玄關與大門呈 90 度格局配置，形成轉折動線。玄關留出廊道，兩側設置收納，上方鋪設木作天花，刻意壓低和緊縮空間形成暗室。而玄關和餐廳配置在同一軸線，不僅成為入門端景，光線也由暗轉明，創造豁然開朗的明亮情境。

● 巧用色系和屋高，擴大空間視野

原先的落地窗採光有色偏，因此重新更換，同時拆除天花，屋高也隨之拉高，納入明亮採光的同時，室內更為寬敞。客廳中央設置旋轉電視牆，刻意以鐵件架構，鏤空設計讓空間維持通透視野。為了保有開闊尺度，從天花到鐵件統一色系，展現簡單俐落的淨白空間。

許暖度。老舊地面則全面翻新，改以大尺寸的磁磚鋪陳，避免過多線條分割，視覺更為完整；而半拋的釉面材質，流露透亮沉靜的氣息。

屋主家庭人口單純，僅有夫妻兩人和一小孩，因此配置四房，保留未來更動的餘地，也預留父母或客人前來拜訪居住的可能性。為了擴充使用機能，將原有的兩間客浴重新修整並向外延展，多出淋浴空間。在主臥則設置一道電視牆，順勢與書桌結合，讓空間具有多重效用。此外，也增設更衣室和衛浴空間，形成一字型動線設計，從梳洗到換衣一氣呵成。更衣室牆面兩側特意不做滿，維持通透效果，有效放大尺度。

HOME DATA

屋齡	屋型	坪數	成員	建材
25〜30年	公寓大樓／長型空間	60坪	夫妻＋1小孩	鐵件、超耐磨木地板

● 開放格局，為公領域納入採光和廣度

客廳、餐廳和廚房配置在同一軸線上，不做隔間遮擋；牆面也減少收納設計，空間留出更多餘裕，讓人不論站在何處都能感受寬闊尺度和明亮光線。餐廳增設懸浮矮櫃，不僅收納視聽設備，也成為餐櫃備用，賦予多重機能。

● 沿窗設置更衣室，保留明亮光線

為了讓主臥擁有更多機能，增設更衣空間；同時沿窗設置梳妝檯，不僅光線能深入室內不陰暗，也能望向戶外，賦予更多景深。運用鐵件層架搭配系統櫃，不做門片的設計能一目了然，拿取更方便。

● 電視牆和書桌一物兩用，擴充機能

由於主臥坪數較大，深度也足夠，中央增設半高電視牆擴充娛樂機能。而電視牆背側則延伸出書桌，結合閱讀書寫。一物兩用，空間不浪費。鏤空的鐵件結構讓牆體不顯沉重，搭配玻璃桌面更為通透輕盈。

● 主浴巧用滑門，型塑完整立面

原本室內僅有兩間衛浴，因此新建的主浴空間則必須重拉管線，地面略微架高藉此隱藏糞管。入口採用滑門設計，不僅巧妙隱藏主浴入口，省去開門的旋轉半徑，與地面切齊的門片高度，也能拉長視覺，保留完整立面。

老屋動線、格局重整，
畫出自在居家樣貌

▼ 文—王玉瑤　空間設計暨圖片提供—叧立佛設計

BEFORE

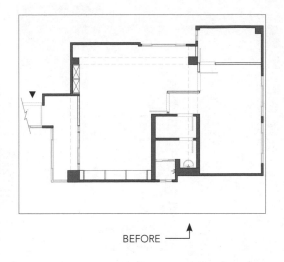

BEFORE ⬆

AFTER ⬆

翻修重點

1. 將原來無隔間的商用空間，規劃出適合居住的隔局。
2. 盡量採用環保的施工方式，進行老屋翻修工程。
3. 管線過於老舊，會有阻塞問題，需全面更換。

·工程翻修·

由於原來用途為商用空間，沒有隔間的空間需要拆除的東西並不多，相反地需進行水泥工程，重新砌磚牆隔間。基於減少垃圾環保概念，大理石地板不做拆除，直接施做樂土，達成期待中的水泥粉光地板效果。由於已經是 35 年老屋，管線部分已經老舊，為了避免未來發生水管堵塞問題，將所有管線全面換新。

·格局調整·

位於調整過的入口左側，過去是一個沒有隔間的大空間，重新平均劃分成廚房與書房，入口右側則是規劃成客廳；位在最深處的房間，被隔成一大一小分配不均，因此比例稍做微調，確保空間使用合理大小，再藉由砌出一道新隔牆，改變臥房入口，維持動線的順暢與格局的方正。

·預算運用·

總費用約 NT.3000,000 元左右，由於隔間牆不多，所以拆除費用較低，佔比費用較大的是水泥、管線等基礎工程，剩餘費用則用在櫃體、家具等項目。

● 調整入口，重塑生活動線

為了符合生活需求，選擇將原始入口移位，行走動線因此變動卻也
巧妙將空間隱性做劃分，另外將入口左側牆面刻意擴增拉長，藉此
圈圍出玄關位置，做出內外分界，同時可適時遮擋住廚房冰箱等生
活感重的家電，美化空間視覺。

　　從事室內設計工作的屋主，對於自住的房子不只有想法，設計上更是不想受任何限制，因
此相較於格局變動限制多的新成屋，屋主一開始便鎖定可自由改造，可塑性高的老屋。而因地
緣關係找到的這棟老房子，原來是做為商業空間使用，雖然沒有太多隔間，可省去大量拆除工
程，但動線的安排並不適合做為自宅使用，因此接手這棟 35 年老屋的第一步，便是根據平時生
活習慣，整理出新的空間格局與動線。

　　過去前陽台是主要出入動線，但一般住家多會將曬衣、淨水器、冷氣等設備規劃在陽台，
在顧及隱私與區隔內外的考量下，決定重砌新牆封住並調整入口位置，而隨著入口改向而改變
的主動線，也因此巧妙將毫無隔間的空間一分为二；入口左側的狹長空間，在中段砌出一道隔
牆，隔出廚房與書房兩個區域，鄰近出口的廚房並採開放式規劃，藉此與位於主動線右側的客
廳，串聯成一個寬敞的公領域，回應屋主強調增加互動的格局要求。將唯一隔出來的一房，打
掉房裡又隔出來的小房，重整成為主臥與小孩房，並利用新砌的二道隔牆，調整臥房出口方向，

● 追求簡約展現原色魅力

客廳空間不大,因此減少施作天花等多餘設計,牆面利用海報點綴,無法避免的管線則拉明管加以收齊當成裝飾,家具數量精簡,對應自然的一體成型水泥沙發,選用木素材、皮革等材質,藉此相互呼應,營造出悠然自在氛圍。

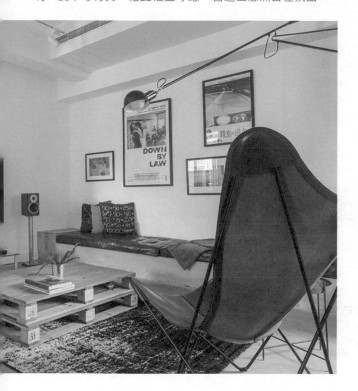

● 微幅調整改善狹隘過道

過去由於隔間規劃不當,導致走道過於狹窄,經過衛浴內縮拓增走道寬幅,再藉由左側書房的玻璃折門,引進室外光線,改善走道原來陰暗印象,而取代實牆的實木書牆,不只替過道空間增添豐富元素,也成為讓人忍不住停下來看本書的巧思設計。

如此一來可讓空間更為完整,動線也更加順暢;另外並透過衛浴空間的重整內縮,將走道擴充至約 150 公分寬,給予相鄰的兩間臥房充裕的迴旋距離,而夾在書房與衛浴間的走道,也一改過去狹隘且讓人感到侷促的印象。

　　所謂的翻修並不等於大量的拆除破壞,不想因工程施作製造太多垃圾,設計師選擇找到適合的空間來進行老屋翻修,這樣的理念回應到設計,則是在必需的基礎工程外,減少過多設計,單純沿用建材原始質感與色調,發揮材質本色,為重新活化的老屋,賦予一個簡約現代的新面貌。

HOME DATA

屋齡	約 35 年
屋型	電梯大樓／方型空間
坪數	約 30 坪
成員	夫妻
建材	樂土、鐵件、水泥、杉木實木、地鐵磚、馬賽克磚、實木貼皮

● 黑白對比營造簡約大器感

開放式廚房以黑白為主色調，利用柱體深度打造置頂的黑色櫥櫃，滿足廚房所有收納需求，規劃在左側，也可避免量體直接迎面而來的壓迫感，爐火區採用白色磁磚鋪貼整個牆面，方便清潔並賦予俐落的第一印象，窗戶位置往右側挪移，則是考量爐火位置，並讓使用動線更為合理順暢。

● 創意搭配玩出空間趣味

小小的衛浴空間也有巧思安排，先以對比的黑白呼應主空間色調，但藉由乾濕區域留出不同牆面比例，創造出活潑的幾何色塊，另外在地板與牆面採用地鐵磚與馬賽克磚，利用不同的尺寸大小與鋪貼方式，低調做出視覺變化，最後統一以白色，完成視覺上的俐落與和諧。

● 整合畸零地提升使用坪效

書房因牆面樑柱產生難用的畸零地，為了有效利用空間，將較大的畸零地規劃給毗鄰的主臥使用，整平牆面線條；至於靠窗內凹空間，則以層板打造成收納層架，並與牆色統一刷成白色提升俐落感；最後利用玻璃折門，與廚房之間的隔牆開窗延伸視覺，化解小空間的封閉、狹隘感。

● 單純元素創造無壓氛圍

臥房是讓人休憩放鬆的空間，除了維持極簡原則，不同於公領域冷冽的水泥地板，改以人字拼木地板提升空間溫度，最後再以復古家具家飾，營造出契合屋主品味的舒眠空間。

DESIGNER
DATA

KC DESIGN STUDIO 均漢設計 ....

KC design studio 均漢設計認為每個設計案的配合，除了解決問題表面上的特定條件外，更重要的是透過使用者更多的參與和溝通，去挖掘實際的生活態度與活動細節。透過層層攤開檢視，方能創造符合真實需求的空間；在重新組合的過程中，也更能開發出空間潛能與不流俗的設計趣味。

電話：02-2599-1377 ｜ MAIL：kpluscdesign@gmail.com ｜ 地址：台北市中山區農安街 77 巷 1 弄 44 號 1 樓 ｜ 網址：www.kcstudio.com.tw

STUDIO IN2 深活生活設計 ....

Studio In2 深活生活設計，重視在功能需求和美感之間取得完美的平衡，並強調每個空間從線條到顏色的佈局和比例的重要性。除了採用理性的需求表格來理解量化客戶的設計需求外，並堅持提供歷久彌新、現代、具藝術價值、多元化的設計給我們的客戶。

電話：02-2393-0771 ｜ MAIL：info@studioin2.com ｜ 地址：台北市中正區忠孝東路二段 134 巷 24-3 號 ｜ 網址：studioin2.com

一它設計 I.T DESIGN ....

一它設計，一指的是每個空間都是獨一的存在，它，則是賦予未知的它重拾新生命，不拘泥於空間框架、風格，回歸到使用者的需求與喜好，空間，可以是大器、也能夠是小品，也可以是華麗抑或是溫馨，讓每一場空間的策劃都擁有獨有的故事與生命。

電話：03-735 6-064 ｜ MAIL：itdesign0510@gmail.com ｜ 地址：苗栗市勝利里 13 鄰楊屋 20-1 號 ｜ 網址：www.facebook.com/It.Design.Kao

大名設計

著重結合空間與業主的需求，尋找空間的無限可能性，並結合整體平面及視覺的完整性，提供舒適和美感並存的空間。勇於創新，在空間、機能、材質中尋找新的視野，認為設計不僅僅展現於形式的變化，在細節上也應維持謹慎處理的態度，讓空間臻至完美。

電話：02-2393-3133 ｜ MAIL：taminn@taminn-design.com ｜地址：台北市中正區新生南路一段 54 巷 11 號 2 樓｜網址：www.facebook.com/taminnDesign

日作設計

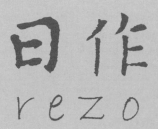

「日出而作，日落而息」，將簡單卻基本的哲學融入設計之中，希望經手的每一處居所，藉由光的穿透、風的流動滋養生活其中的人。主要從事建築、景觀及室內空間設計，擅長解決原動線不佳的空間，作品風格乾淨、強調自然感，動線保有留白餘韻，但在機能配置上講究實用貼心。期盼花日子打造出來的空間，可用日子來細細品味。

電話：03-2841-606 ｜ MAIL：rezowork@gmail.com ｜地址：桃園市中壢區龍岡路二段 409 號 1 樓｜網址：www.rezo.com.tw

六相設計

空間的本質就是空間，舒適的空間除了讓人感覺自在，更多了一份享受生活的奢侈，希望創造出來的空間能真正體貼使用者需求，以整合的方式打造可隨時間、行為的不同滿足使用者需求的生活框架，而非僅是材料的堆疊。

電話：02-2325-9095 ｜ MAIL：phase6-design@umail.hinet.net ｜地址：台北市大安區延吉街 241 巷 2 弄 9 號 2 樓｜網址：phase6.com.tw

禾郅設計

禾郅設計認為「室內設計如同音樂，別人覺得動聽的，卻不一定是感動自己的那首。」捨棄天花亂墜的廣告文案，堅持以「用心傾聽」跟「人性化設計」的口碑行銷，為客戶實現美感與機能兼具的夢想。服務項目囊括住宅空間、舊屋翻新、辦公空間及商業空間，皆可替客戶量身規劃、成就專屬品味。

電話：02-2760-3766 ｜ MAIL：hezhi.id@gmail.com ｜地址：台北市民生東路 5 段 40 號 3 樓｜網址：hezhi5307.pixnet.net/blog

沐光植境設計

「回到創作的原點＿光，空間、物質皆有生命在其中。光＿也是創作之初要找回的本質，每一個作品，都要找到那最原始的創作初表與本質。植＿不止是代表無論是空間或是創作物質，都會有生命綠意的植物在其中。"植"也帶有"種"的含義，也是每個作品在用心的規劃、發展、經營下，呈現最佳面貌。」

電話：0937-328-392、02-2707-9897｜MAIL：sophysoul@gmail.com｜地址：台北市富錦街 120 號 2 樓｜網址：www.sophysoul.com

思謬空間設計

面對不同的空間需求，精準解析適合的設計配置，利用動線來解決需求，利用空間成就美感。有著令人驚艷的美感嗅覺，並善於運用各式材質表現空間樣貌，將空間比例和線條收整簡潔，流露精緻細節，展現簡單卻不失細膩的居家空間。

電話：02-2785-8260｜MAIL：ch28.interior@gmail.com｜地址：台北市南港區重陽路 482 號｜網址：ch-interior.format.com

明代室內設計

本身以體貼客戶的心，將設計需求融入自然的元素，引入陽光、綠意、空氣、水，開闊廣闊的空間尺度，回到家就像回到大自然。結合人文、生活美學，呈現於建築室內設計中。舒適生活無形醞釀，享受靜謐無壓的氣息。

電 話： 台 北 02-2578-8730 桃 園 03-4262-563｜MAIL：ming.day@msa.hinet.net｜地址：台北市光復南路 32 巷 21 號 1 樓 桃園市中壢區元化路 275 號 10 樓｜網址：www.ming-day.com.tw

原晨設計

『歡迎來我家』。原晨設計希冀每個完工後的屋主，都可以大聲的向朋友介紹他的理想好宅，我們想要帶給大家的是有幸福溫度的所在、有夢想未來的家、有美好意義的堡壘。成就完美的設計＋讓屋主用自己的回憶去填滿＝100% 美好日常夢想家。

電話：02-8522-2712｜MAIL：yuanchendesign@kimo.com｜地址：新北市新莊區榮華路二段 77 號 21 樓｜網址：yc-id.com/